世界一わかりやすい
リスクマネジメント
集中講座

ニュートン・コンサルティング株式会社 監修
勝俣 良介 著

Ohmsha

本書に掲載されている会社名・製品名は、一般に各社の登録商標または商標です。

本書を発行するにあたって、内容に誤りのないようできる限りの注意を払いましたが、本書の内容を適用した結果生じたこと、また、適用できなかった結果について、著者、出版社とも一切の責任を負いませんのでご了承ください。

本書は、「著作権法」によって、著作権等の権利が保護されている著作物です。本書の複製権・翻訳権・上映権・譲渡権・公衆送信権（送信可能化権を含む）は著作権者が保有しています。本書の全部または一部につき、無断で転載、複写複製、電子的装置への入力等をされると、著作権等の権利侵害となる場合があります。また、代行業者等の第三者によるスキャンやデジタル化は、たとえ個人や家庭内での利用であっても著作権法上認められておりませんので、ご注意ください。

本書の無断複写は、著作権法上の制限事項を除き、禁じられています。本書の複写複製を希望される場合は、そのつど事前に下記へ連絡して許諾を得てください。

(社)出版者著作権管理機構
(電話 03-3513-6969, FAX 03-3513-6979, e-mail: info@jcopy.or.jp)

JCOPY ＜(社)出版者著作権管理機構 委託出版物＞

はじめに

「あのとき、もっとこうしておけば良かった」

こんな経験をしたことはないでしょうか？　仮に経験していなかったとしても、誰もが避けたいはずです。本書は、そうした後悔をなくすための術—リスクマネジメントについて、分かりやすく解説するものです。

リスクマネジメントは、対象者を選びません。大企業のみならず、中小企業、家庭、個人……あらゆる組織・人に関係があるものです。したがって、本書が一番のターゲットとしているのは、企業の経営企画部や総務部などに属する管理系部門の方々ですが、そうでない方々にも十分に役立つ内容になっています。

具体的には次のような方々に適しています。

● リスクマネジメントに近い立場の方々

- 管理系部門にいるが、リスクマネジメントに関する自分たちのあるべき姿が分からない
- 企業のリスクマネジメント部門に配属されたけれど、右も左も分からない
- 今までリスクマネジメントを我流でやってきたが、改めて体系的に学びたい
- 社員にリスクマネジメントに関心を持ってもらいたいが、どうしたらいいか分からない
- 努力しているが、事故が絶えないので何とかしたい
- 今までリスクマネジメントをやってきたが、次のステージに進むために何が足りないのか分からない

● あらゆるビジネスマンに

- 絶対に達成したい夢や目的・目標があるという方
- 会社・団体、部、課、プロジェクトチームなどの組織を率いる方
- ビジネスマンとして、さまざまな発想の源泉を持っておきたい方

ところで、事故・災害、不祥事が絶えない昨今、世の中にはリスクマネジメントに関する本が数多く出回っています。私も国内外問わず、たくさんの本を読みました。しかし、リスクという言葉自体が持つ「悪い」イメージも手伝ってか、そのほとんどが「暗い」「難しい」、そして「おもしろくない」の3拍子が揃ったものでした。

はじめに　iii

「文句を言うなら自分でやれ」そんなささやきが胸の内から聞こえてきました。とにかく圧倒的に分かりやすさを追求したい！　読んで少しでもおもしろいと思ってもらいたい！　そういう想いから生まれたのが、本書です。

　具体的には、新社会人、いや、学生でも理解できるレベルを目指しました。また、国際的な規格やフレームワークを軸にしたような堅苦しい解説をやめ、あくまでも学ぶ人の興味軸での構成にしました。正直に言えば、NHKの○○白熱教室を意識しました。学生と先生が白熱した議論を展開させながら、授業を展開させるアレです。それが本の中で展開できたらどんなにいいだろうかと。もちろん文字ばかりにせず、ふんだんにイラストや図表の類を入れました。

　そういうわけで、本書は講義形式で書かれています。目次も1時間目から始まります。そして内容が徐々に濃くなっていくような建て付けになっています。流れは、個人→家庭→プロジェクトチーム→中小企業→大企業です。実践性も加味し、事例紹介、そして不測の事態への備え、すなわち危機対応などについてもカバーしています。

　労せずして読み進めることができるように構成したので、原則1時間目から受けることをおすすめします。もちろん、「1回の講義」ごとに話は区切りを付けてあるので、上級者の方は読み飛ばすこともできます。

　リスクマネジメントについて初心者の方は、少なくとも1回目は本文のみに集中してください。中級・上級者の方や、優しすぎて物足りなさを感じた方は「上級者向け講義」も併せて目を通してください。

　各講義が終わったあと、振り返りをしたい方向けに、各講義の終わりに「講義のまとめノート」が付いています。復習のためにご活用ください。

　最後になりますが、この本が多くの人に読まれることを心から願っています。それは儲かればいいなという理由からではなく、こうした本を読んで少しでも社会の意識が変われば、世の中にプラスをもたらすと強く信じているからです。

　「あのとき、もっとこうしておけば良かった」が、世界から少しでもなくなりますように……。

2017年11月吉日

登場人物の紹介

先生：丸山としひこ
45歳。A型。

大手商社に入社。3年間勤務の後、システム系の会社に転職。その後、海外企業を含め数社を渡り歩き、リスクマネジメントコンサルタントになる。コンサルタント歴は約10年。大学の教壇で、リスクマネジメント講座の教べんを持つかたわら、今も日々、現場に出てお客様のコンサルティングに奔走している。

今回、顧問契約を結んでいるA社から、若手2人を教育して欲しいとの依頼を受け、数回に分けた出張研修を行うことになった。

●生徒：加藤はるき
27歳。A型。

大学卒業後、公認会計士になろうと1年間専門学校に通うも挫折。日常会話程度の英語なら話せるが、海外志向が強く、もっと英語のスキルを磨き上げたいと思っている。A社の営業部に配属。ゆくゆくは、海外勤務の可能性もあると言われている。割とおっちょこちょいで、モノを失くしたり、うっかりミスをしたりすることが多い。そうしたこともあり、上司からリスクマネジメントの勉強をしてこいと言われ、今回の研修に参加。どちらかと言うと、直感思考でマイペース型。

●生徒：山本なつき
26歳。AB型。

大学卒業後、大学院に進み修士課程を修了。その後、1年間海外ボランティアに従事。そこで知り合った人に紹介され、受けたのがA社。マーケティング部に配属。勉強熱心なタイプで、頭が切れるので、将来を見込んで今回のリスクマネジメント特別研修を受けてくるように上司から指示を受けた。論理的でハキハキと物を言うタイプ。

目次

はじめに..iii
登場人物の紹介 v

超初級 編   1

1時間目 リスクマネジメントの迷宮へ、いざ.................................3
2時間目 リスクマネジメントは家庭の成功にも使える!? 31

初級 編   43

3時間目 リスクマネジメントは組織の成功にも使える!? 45
4時間目 リスク洗い出しの最強ツール.......................................75

中級 編   113

5時間目 同時複数のリスクマネジメント〜 ERM の謎〜 115
6時間目 同時複数のリスクマネジメント〜 ERM の攻略〜 141

上級 編   159

7時間目 中小企業におけるリスクマネジメントの実践 161
8時間目 大企業におけるリスクマネジメントの実践.................173
9時間目 ヤフー・日産グループにおけるリスクマネジメントの実践
....185

応用 編　　　　　　　　　　　　　　　207

10時間目　それでも起きる大事故、なぜなのか!?...........................209
11時間目　それでも起きる想定外、どう立ち向かえばよいのか!?...225
12時間目　総括 239

おわりに..243
参考文献 245
索引..246

超初級編

1時間目
リスクマネジメントの迷宮へ、いざ

2時間目
リスクマネジメントは家庭の成功にも使える!?

1 時間目

リスクマネジメントの迷宮へ、いざ

ここではリスクマネジメントの基本的な道具の名前とその使い方について学習していきます。リスク？ リスクマネジメント？ …そんなものが本当に役に立つの？ いろいろな疑問がわくと思いますが、だまされたと思って読んでみてください。

リスクの謎にせまる！

まずは「リスク」について考えてみよう。リスクと言われて、君たちなら、どんなことが思い浮かぶ？

何かをしようとするときに起こる嫌なこと…。たとえば、自分が通勤途中に交通事故に遭う、就職した会社がブラック会社でひどい目に遭うとか…。

私なら、地震、火事、泥棒とかで嫌な目に遭うとかかな。

なるほど。じゃあ、もう1つ質問だ。あり得るかは別にして、何をどうできれば、こうしたリスクを100％回避できると思う？

そりゃあ、**何がどう起きるか・起きないかが分かっていれば回避可能**だと思う。「その日に100％事故に遭う」ことが分かっていれば、外出しないことだってできる。

私も、その日に地震が起きることが分かれば安全なところで待機します。でも、それができれば、人間、何の苦労もありませんけどね。

4　1時間目：リスクマネジメントの迷宮へ、いざ

まさにそのとおり。「いつ何がどこでどのように起きるか」が分かっていれば回避できる。逆に言えば、**起きるかどうか、いつどこで起きるかが分からないからリスク**なのさ。

では、「リスク＝曖昧なこと」ということでしょうか？

そうだ、と言いたいところだが、曖昧なら何でもリスクというのは、さすがに言いすぎだね。自分に関係のない地域、たとえば地球の裏側で起きる地震まで、リスクとは言わないだろう？

じゃあ、「自分に影響があるかもしれないこと」という言い方はどうですか？

お、いいね。もう少し分かりやすく、**「未来に起こるかもしれない、嫌なこと・嬉しいこと」**なんてどうだろう。

え!? 待ってください。今、先生、「嬉しいこと」って言いましたよね。リスクって嫌なことだけじゃないんですか？

はは、そうくると思ったよ。でも、嫌なことかどうかは、ここではさしたる問題じゃないんだ。よーく考えてごらん。**「嫌なこと」も「嬉しいこと」も紙一重**なんだ。

紙一重？

たとえば、さっき、はるき君はブラック企業に就職してしまうことをリスクと言ったが、その逆の結果もあり得るわけだよね？ 選んだ企業が予想以上にいい企業で、いいことばかり続く…みたいな。

今、それを言われて「ピンチはチャンス」っていう言葉を思い出しました。紙一重とはそういう意味だったんですね。

結局、リスクがネガティブかどうかは、当事者がそれをどう捉えるか、どんな対策を打てるかで変わる。たとえば、株だって「株価が下がるかもしれない＝損する」とは限らないだろう。そういう予測が成り立つなら、空売り*¹すれば儲けられるわけだし。

でも、不確実であることには間違いないわけで、そこがリスクかどうかの分かれ目ってことですね。

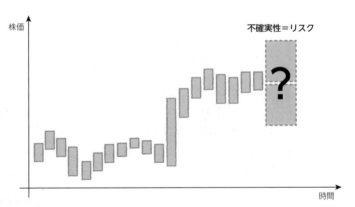

上がる・下がるではなく、不確実であることがリスク

同じリスクなのに、当人が悲観的か楽観的かで、捉え方が変わりそう。不景気がやってきそうなときに「もうダメだぁ」と思う人と、「よし、チャンスだ」って思う人がいるように。

---

*¹ 将来株価が下がると予想したときに、証券会社から株を借りて下がる前の値段で売っておき、(願わくは予想どおりに)株価が下がったタイミングで株を買い、証券会社に返す、その差額で儲ける方法。

そういうこと。表現は異なるが、指しているリスクは同じものだ。だから、嫌なことか嬉しいことか、そこまでこだわる話ではないんだ。

リスクが何か、ということがよく分かりました。

> **ワンポイントレッスン**
>
> ### ポジティブリスク vs. ネガティブリスク
>
> 　リスクがもたらす影響が、結果的にその人（組織）にとってプラスになるかマイナスになるかは、そのリスクが元々持つ性質と、それに対してとる対策次第です。ですが、やはりマイナスの影響に目がいきがちです。
>
> 　これは心理学でいうプロスペクト理論で説明ができます。プロスペクト理論とは、同じ1万円でも、1万円を得る喜びと1万円を失う悲しみとでは後者のほうが勝つというものです。
>
> 　また、何かとマイナスの影響に焦点を当ててコントロールしていきたい…という企業の想いもあって、プラスの影響とマイナスの影響、二面性を持つリスクを、それぞれ別の言葉として使い分けたいという企業も増えてきています。たとえば、一部の国際規格などでは、リスクをポジティブな側面で捉えた場合、それを「機会」、ネガティブと捉えた場合、それを「リスク」と表記しています。

よし、リスクという言葉に共通認識が持てたところで、君たちのリスクを考えてみよう。「**リスク＝未来に起こるかもしれない、嬉しいこと・嫌なこと**」と伝えたが、どうだい？　君たちにとってのリスクってどんなものがありそうだい？

そうね。社会人2年目だから、「無為に時間が流れて、何も成長を実感できずに終わってしまう」ことが、私にとっての今一番嫌なことかしら。

僕はそうだな。「嬉しいこと」に的を絞って考えれば、仕事というよりは「いろいろな人と出会って、素敵な彼女ができるかも」なんてことが、僕にとって今一番ワクワクすることかな。

 それにしても、どんなリスクが気になるかを語っただけで、2人の性格の違いも垣間見えるな。

 あら、私が暗いって言いたいのかしら!?

 まぁまぁ。「リスク」だけで、ここまで深い議論ができて満足だよ。リスクの定義は「**リスク＝未来に起こるかもしれない、嫌なこと・嬉しいこと**」。これを忘れないようにね。

国際規格にみる"リスク"の正式な定義

　リスクマネジメントには、国際的な教科書があります。ガイド73[*2]と呼ばれる国際規格とCOSO-ERM[*3]と呼ばれるガイドラインです。
　それぞれ、リスクについて「**目的に対する不確かさの影響**」、「**イベント（事象）が起こり戦略達成やビジネス目標に影響を与える可能性**」と定義しています。

---

*2　正式名称は、ガイド73「リスクマネジメント－用語」。
*3　正式名称は、「Enterprise Risk Management - Integrated Framework -（エンタープライズリスクマネジメント－統合的枠組み－）」。

両者の表現はやや異なりますが、以下の点で共通しています。

- 目的（戦略達成やビジネス目標）
- 影響
- 不確かさ（可能性）

つまり、リスクを明らかにするということは、次の項目を明らかにすることに他ならないと言えます。

- 人・組織が大切にしたい目的・目標は何か？
- それらに大きな影響を与えるものにはどんなものがあるか？
- それが発生する可能性はどの程度なのか？

組織の中でリスクを洗い出す際にこうした点が明確になっているか、改めて確認しておくことが重要です。

リスクマネジメントの謎にせまる！

次は、リスクをマネジメントすることについて考えよう。君たちはさっき「無為に時間が流れて、何も成長を実感できずに終わってしまう」、「新しい職場にも慣れてきたし、いろいろな人と出会って、素敵な彼女ができるかも」などをリスクとして挙げてくれた。で、そういったリスクが気になるとして、どうする？

もちろん、嫌なことなら、そうならないように手を打ちますし、嬉しいことなら、それの実現する可能性が高まるように何か工夫をします。

どんな工夫だい？

当然ですけど、ダラダラと1年が過ぎないように、1年間の個人目標と計画を立てます。

僕は「彼女ができるかも」の確率を上げるためにできる工夫なんてあるのかなぁ（苦笑）。仲よくなるために、おいしいレストランをリサーチしておくとか？？？

あなたの場合はそうね…。もっとおしゃれに気を遣うようにしてみたら（笑）？

それ、どういう意味さ。僕がまるでおしゃれじゃないみたいじゃないか？

こらこら。まぁ、効果があるかどうかは別にしても、リスクを認識した以上は、何らかの対策を打ちたいわけだよね。**リスクを認識して、必要な対策を打つ…。これこそが、リスクマネジメント**なんだ。

でも、先生。こういったことって、みんな無意識のうちにやっていそうな気がする。改めて、理論的・体系的に捉えることって何か意味があるのかな。

それを、これから身をもって体験してもらうつもりだ。個人はもちろんのこと、組織では特にね。家庭、数人～数十人から編成されるプロジェクトチーム、会社の課、部、事業部、会社全体、子会社を含むグループ会社全体とかでね。

 組織だと、リスクは無数にありそう。そもそも、すべてのリスクを拾うのは無理そう。お金もかかるだろうし、どこに使うかでも揉めるんじゃないかな。

 無意識にやっておけばOKとはいかなそうですね。確かに体系的にやらなければ、すごく非効率になりそうです。

 そういうこと。実は、体系的に勉強することが重要な理由はもう1つある。それを次の図を使って説明しよう。たとえば、はるき君にとっての「緊急で、重要なこと」って、何だい？

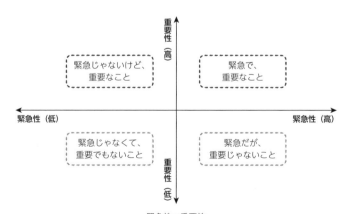

緊急性×重要性

リスクマネジメントの謎にせまる！　11

またいきなり…。そりゃー、何と言っても、今週末に控えている営業先への提案プレゼン準備です。

では、君にとっての「緊急じゃないけど、重要なこと」って何だい？

視野を広げるため、いろいろなことを経験しておくということかな。だから、苦手な音楽にもトライしてみたいし、哲学書とか、いわゆる教養本ってやつもたくさん読んでみたい。

なるほど。「緊急で、重要なこと」として挙げてくれた「提案プレゼンのための準備」は、放っておいてもやるよね？

はい。マジでやらないとヤバいですもん。

では、「緊急じゃないけど、重要なこと」のほうはどうだい？　本当にやれそうかい？

そりゃーやりますよ。おそらく。

嘘よー。確か、前にも、同じこと言っていたわよね。でも、やっていないじゃない。

ぐ…。今度こそ絶対やるよ。提案プレゼンが終わったら。

はは。なつき君、君なら、「緊急じゃないけど、重要なこと」に取り組めるようにするためにどんな工夫をする？

そうね。私なら時間を決めておくかしら。どんなに忙しくても、週の月曜日と水曜日の朝1時間だけは、このために時間を使う、というように。

これで分かっただろう。「緊急で、重要なこと」は、放っておいてもやるものだ。だけど「緊急じゃないけど、重要なこと」は、同じようなやり方だとなかなか手が付かない。強制的にやる仕掛けが必要だ。

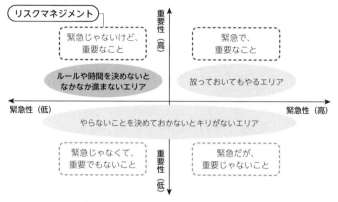

「緊急性×重要性」におけるリスクマネジメントの位置付け

なるほど。リスクマネジメントも「緊急じゃないけど、重要なこと」。だから強制的にやる仕掛けが必要。つまり、**リスクマネジメントは仕組み化しておかないとダメ**、そういうロジックですね。

あなた自身の「緊急じゃないけど、重要なこと」にも、言えることでしょうけどね。

ぐ…無視、無視。ビジネスなら、儲かることはみんなすぐにやるけど、それ以外は後回しになりがちと。

そういうこと。そして仕組み化する以上は、継続的に見直しが入るしっかりしたもの…**Plan-Do-Check-Act**[*4]**すなわち、PDCAが回るものにすべき**だよね。分かったかな。リスクマネジメントが何たるか、ということと、それをしっかりと押さえておかなければいけない理由が。

はい！

[*4] PDCAサイクルとも呼ばれる継続的改善を行うための考え方。計画（Plan）を立て、実行（Do）し、確認（Check）を行い、改善（Act）につなげる。

リスクマネジメントの謎にせまる！　13

リスクは何に吸い寄せられるのか？

「リスクを予見し、事前に必要な手を打っておくこと」がリスクマネジメント、成功確率アップの近道だということは、よく分かりました。ですが、実際にリスクを予見するって、難しくないですか？

確かに、それができたら苦労しないよね。だけど、**リスクを予見しやすくするアプローチ**というものはあるんだよ。

ほんとですか!?

もっとも大事なことは、**「何に対するリスクを洗い出すか？」をハッキリさせておくこと**だ。正しく理解してもらうために、身近な具体例で話してみよう。

はい。

たとえば、「遊園地に行って楽しみたい」と思った瞬間、どんなリスク…、いや、もう少し柔らかい聞き方をするならば、どんな心配ごとが生まれる？

電車の遅延で到着が大幅に遅れる。当日の天気が悪くなる。現地で財布をなくすとかですかね。

14　1時間目：リスクマネジメントの迷宮へ、いざ

そう思ったのは、なぜだい?

 そりゃー、行くからには時間に余裕を持ってたっぷりと遊びたいですからね。それに天気がいいほうが気持ちいいし。

 つまり、はるき君は遊園地を楽しむためには、次の要素が必要不可欠だと考えたわけだ。

> **遊園地で楽しむための必須要件**
> - 「朝早くから夜遅くまで、たっぷり時間を使えること」
> - 「明るい日差しを浴びて、楽しく歩き回れること」
> - 「予算をめいっぱい使えること」

 まぁ、そうですね。

 「**何かを達成したいと思ったときに、その達成要件をハッキリさせること**」、それが、リスクを予見するための近道だと先生はおっしゃっているんでしょうか?

 そうだ。言い換えると、**目的**と**目的を達成するために必要なモノ**。リスクは、特にこの**目的を達成するために必要なモノ**が大好物でね。これが現れると、にわかにすり寄ってくるんだ。

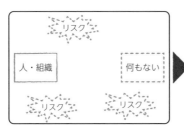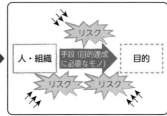

目的に吸い寄せられるリスクの特性

 逆に言えば、「遊園地に行って楽しみたい」という目的が存在しなくなれば、「目的達成に必要なモノ」も消え、リスクも消えるってことですね。

そうだ。今度は2人の例で考えてみよう。さっき、2人は「無為に時間が流れて、何も成長を実感できずに終わってしまう」と、「いろいろな人と出会って、素敵な彼女ができるかも」といったリスクを挙げていたよね。

それらの「目的」と「目的達成に必要なモノ」を出してみなさいということですか。うーん、こんな感じかしら。

なつき　　　　　　　　　　はるき

目的	社会人として必要なスキルを身に付けて、何かあっても1人で生き抜ける力を身に付けたい	自分の家族を持って、世界の好きな場所でのんびり住みたい
目的達成に必要なモノ	・できる先輩のマネをする ・何か1つ資格を取る ・健康を維持する	・英語を喋れるようになる ・素敵な彼女と付き合える ・海外で通用するスキル（IT）を身に付ける

お、いいね。では、次に2人が挙げた「目的達成に必要なモノ」を軸に、リスク＝嫌なこと・嬉しいかもしれないことを洗い出してみてごらん。

- できる先輩のマネをする
  - →できる先輩が身近に見つからない
  - →できる先輩に嫌われる
- 何か1つ資格を取る
  - →仕事が忙しすぎて勉強できない
  - →友達に遊びに誘われすぎて勉強できない
  - →取った資格が役に立たない
- 健康を維持する
  - →体調を崩し、勉強できない
  - →交通事故に遭い、勉強できない

- 英語を喋れるようになる
- 素敵な彼女と付き合える
  - →英語を母語語に持つ女性と付き合う
  - →外回りの最中に素敵な女性と知り合って仲よくなる
- ITスキルを身に付ける
  - →ITに得意な同僚がいて教えてくれる
  - →夜間に通えるIT学校が近所にある
- 貯金を貯める
  - →宝くじに当たる
  - →地方に転勤になり、お金が貯まりやすくなる

なつき　　　　　　　　はるき

 確かに、何だか焦点が定まって洗い出しやすくなった気がするわ。しかも、こうやって具体的に洗い出しはじめると、何か手を打たなきゃっていう気持ちにもなるわね。

 確かに。

 リスクマネジメントの第一歩は**リスクの洗い出しで始まる**ということ、そして**リスクの洗い出しにあたっては、目的と目的達成に必要なモノを考えることが大事**だということを覚えておいて欲しい。ちなみに、こうしたリスクの洗い出しのことを、リスクの棚卸し、リスク特定という言葉で表現することもある。

リスクは何に吸い寄せられるのか？　17

どのリスクに目を付ける？（その1）

リスクの洗い出しは、理解できました。次は対策を考えればいいんですよね。ただ少し気になったのが、リスクの数です。少し考えただけで、バラバラとたくさん出てきました。

リスクがこれ以上たくさん出てきたら、すべてに対策なんて…。そう言いたいんだね？

はい。リスクに優先順位付けをして、対策を考えるべきものと、そうじゃないものとに仕分けしたらどうかな？

それはいいアイデアだ。リスクに優先順位を付けられれば、どのリスクに、より大切な時間やお金を振り分けるか、決めやすくなるね。

「**選択と集中**」ですね。

対応の優先順位を付けるということは、そのための判断材料が必要になるわけだね。どんな材料が必要かな？

そーだなー。「起こりそうかどうか」が、絞り込む際の判断材料になるんじゃないかな。つまり、リスクの発生可能性。

他には、どうかな?

「仮にそのリスクが現実のものとなったとしたら、どれだけ問題になるか?」という点も見逃せないわ。つまり、影響度という観点も必要よね。

よし、発生可能性と影響度…。リスクの大きさを測る指標は得られたようだね。厳密には、他にも指標がないわけではないが、この2つの指標がメジャーだし、実際にこれで十分だろう。

リスクの大小を測る指標

　リスクの対応優先順位を付けるための判断材料を得る活動を、「リスク分析」と呼びます。そしてリスク分析の目的は、「リスクを理解すること」です。その「リスクを理解する」ための指標は、「発生可能性」と「影響度」だけではありません。
　ここでは、他の例を2つ紹介します。1つは「脆弱性」と呼ばれる指標です。
　「脆弱性」とは、「リスクに対して、どこまで対応がなされているか(あるいは、なされていないか)?」を示す指標です。
　たとえば「財布を落とすリスク」に対し、ストラップを付けて財布が落ちないようにしていたとします。この場合は「脆弱性が小さい」と言えます。逆に、何の対策も打っていない場合は「脆弱性が大きい」と言えます。脆弱性が大きい後者のほうが、必然的にリスクが大きくなります。
　もう1つの指標は「リスクが顕在化する速度」です。これは、事故が起こりそうになってから、起きて実際に組織に大きな影響を与えるまでの時間の速さを指します。たとえば「優秀人材の大量流出リスク」は、通常、人が徐々に辞めて起こるものです。つまり、リスク顕在化のスピードは比較的遅いと言えます。
　一方、「自然災害により事業が中断するリスク」は、通常、あっという間に影響が出るタイプのリスクといえます。
　なお、この指標は、対応の優先順位付けの判断材料としても有用ですが、どういった対策を打つべきかを考える際にも、有用な判断材料になります。

この2つの指標を使うとして、具体的にどうやって測るんですか？

掛け合わせればいいんじゃないかしら？

足すってのもあるよ。

はは。さすがだね。まぁ、足しても掛けてもいいが、どちらかと言えば、掛け算が割と一般的かな。つまりこうだ。

リスクの大きさ＝発生可能性×影響度

試しにこの式に、私の「交通事故に遭って勉強できなくなるリスク」を当てはめてみるわ。交通事故には滅多に遭うものではないから、発生可能性は下の下ね。3段階評価で1くらいかしら。影響度は、大きいはずよね。だから3段階中で3かな。

そうすると、発生可能性（1）×影響度（3）で、リスクの大きさは3点になるね。その調子で、残りもやってごらん。

なつきのリスク	発生可能性	影響度	リスクの大きさ
できる先輩が身近に見つからない	2	2	4
できる先輩に嫌われる	1	2	2
仕事が忙しすぎて勉強できない	3	3	9
友達に遊びに誘われすぎて勉強できない	3	3	9
取った資格が役に立たない	1	2	2
体調を崩し、勉強できない	3	1	3
交通事故に遭い、勉強できない	1	3	3

はるきのリスク	発生可能性	影響度	リスクの大きさ
英語を母国語に持つ女性と付き合う	1	3	3
外回りの最中に素敵な女性と知り合って仲よくなる	1	2	2
ITに得意な同僚がいて教えてくれる	2	2	4
夜間に通えるIT学校が近所にある	2	2	4
宝くじに当たる	1	3	3
地方に転勤になり、お金が貯まりやすくなる	2	3	6

私の場合は、「仕事が忙しすぎて勉強できない」と「友達に遊びに誘われすぎて勉強できない」。至極もっともなリスクが、上位に来たわ。

僕はどうやら地方に転勤したほうが、お金がてっとり早く貯まるらしい（苦笑）。

ね、どのリスクに目を付けるべきかが、見えてきただろう？　ちなみに、こうした「リスクの大きさを測る活動」を**リスク分析**というんだよ。

発生可能性と影響度は何段階が理想？

　リスク分析をする際に用いられる「発生可能性」と「影響度」は、それぞれ何段階かに分けることになります。段階の細かさは、3〜5段階が一般的です。リスクに優先順位を付けるのですから、「もっと細かく段階分けをしたほうがよいのでは？」という方もいます。

　ですが、細かく分けすぎると、たとえば「影響度」を10段階などに分けた場合、影響度7点と8点の違いは何かなどと、迷う機会が増えます。またしっかりとした基準を作ることは難しいため、逆に恣意性が高まります。

　そのため、3〜5段階程度に分けてアプローチするのがもっとも効果的・効率的と言えるでしょう。

どのリスクに目を付ける？（その２）

リスクの大きさは決まったから、次に対応の優先順位付けをするとしようか。どうやって決める？

そりゃー、数字の大きい順に選ぶでしょ？

そうすると、私のリスクは次のような感じになったわ。

なつきのリスク	発生可能性	影響度	リスクの大きさ
仕事が忙しすぎて勉強できない	3	3	9
友達に遊びに誘われすぎて勉強できない	3	3	9
できる先輩が身近に見つからない	2	2	4
体調を崩し、勉強できない	3	1	3
交通事故に遭い、勉強できない	1	3	3

「体調を崩し、勉強できない」と「交通事故に遭い、勉強できない」は、ともに３点で一緒。何か違和感あるわ。体調を崩したとしても比較的早く復活できるけれど、交通事故は運が悪ければ、長期間入院だもの。

はは。シンプルな計算式でやっているわけだからね。全部に納得できるような答えは出ないよ。あくまでも意思決定をするための判断材料なんだ、くらいで考えないと。

じゃー、こういったことは仕方がないんですね。

うん。ただし、もう少し人の感覚に近いリスク分析方法として、**リスクマトリックス**がある。**リスクマップ**と呼ぶこともある。

何です？　その映画のタイトルのようなものは？　難しい数学の公式か何かですか？

おそらく見たことがあると思うよ。x軸を発生可能性、y軸を影響度にとったグラフのようなものだ。

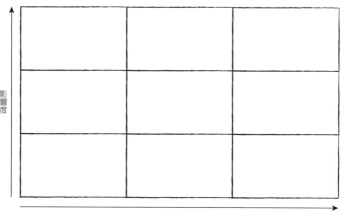

リスクアセスメントを構成するプロセス

 それって掛け算と何が違うんですか？

 たとえばそれぞれ3段階評価にするなら、3×3で9マス。つまりリスクを最大9段階にレベル分けをすることができる。数字だけで見ていると1×3も3×1も一緒になってしまうが、リスクマトリックスはそうした課題を解決してくれる。

 なるほどー。でも、9段階って、どのマス目が1番大きいリスクで、2番目はどのマス目でって9つ分、決めるのも大変そうですね。

 さすがに1つ1つのマス目で大きさを変えるのは現実的じゃないよ。だから、たとえばこんな感じでどうだろう。

どのリスクに目を付ける？（その2）　23

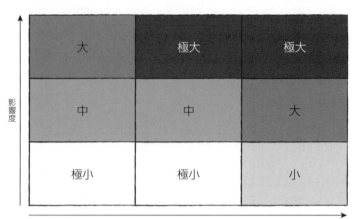

リスクの大きさを色分けする

 へー。色が濃い箇所ほどリスクが大きいってわけか。分かりやすい。

 これを使うと、私のリスクはこんな感じになるわね。

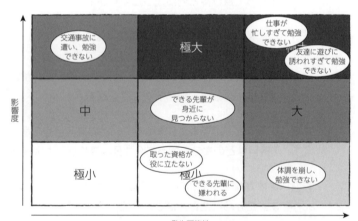

リスクを振り分ける(なつきの場合)

 僕のはこうなった。さっき先生は、掛け算でも足し算でもいいって言っていたけれど、僕にはこのリスクマトリックスのほうが、しっくりくるな。

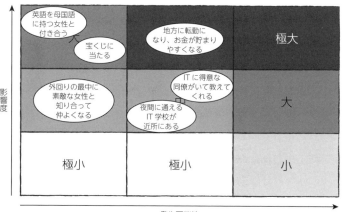

リスクを振り分ける（はるきの場合）

リスクの数が膨大になると、見づらくなるというデメリットはあるがね。ちなみに、優先順位付けをするこのアプローチを、**リスク評価**と言うよ。そして、これまでにやってきたリスク特定、リスク分析、リスク評価までの3ステップを合わせて**リスクアセスメント**とも言うんだ。

リスクアセスメントとは

　リスクマネジメントは、限られた時間やコストの中で、ある目的を達成するために、それを阻害・加速する要因（リスク）を見つけ、コントロールするためのものです。無数にあるリスクの中から、対応すべきリスクを選ぶ際に鍵を握るのが、このリスクアセスメントです。

　リスクアセスメントは、リスク特定、リスク分析、リスク評価の3つのプロセスを合わせた総称です。図に示すと、次のとおりになります。

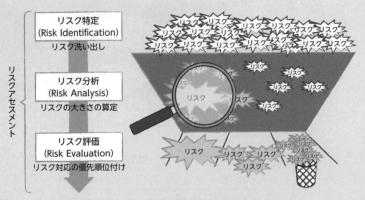

リスクアセスメントの3つのプロセス

　この3つのプロセスには、それぞれ明確な目的があります。
　リスク特定は、リスク洗い出しのことであり、その目的は「包括的なリスク一覧の作成」です。つまり、対象組織の目的達成に関わるリスクを、その発生可能性や影響度の程度の大小に関係なく、洗い出す必要があります。
　次のリスク分析の目的はリスクを理解すること、つまりリスク対応の優先順位付けをするための判断材料を得ることが目的です。その判断材料としてよく用いられるものがリスクの大きさであり、一般的には、発生可能性×影響度で算出されます。
　最後にリスク評価は、リスク分析の結果を基にリスク対応の優先順位付けを行うプロセスです。その狙いは、限られた時間とお金の効用最大化にあります。一般的にこのプロセスでは2段階のアプローチがとられます。
　1段階目は、そもそも対応を検討するリスクとすべきかどうかというフィルタにかけることです。2段階目は、対応するとして、どのリスクから優先的に対応するのか、その優先順位を付けるアプローチです。

どうやってリスクに立ち向かう？

 おしっ。次は、いよいよ対策だな。こんな感じになるかなぁ。意外と思い付くもんだなぁ。

リスク	大きさ	対策
地方に転勤になり、お金が貯まりやすくなる	極大	・上司に異動希望を事あるごとに耳打ちする
宝くじに当たる	大	・ジャンボ宝くじを毎回5,000円買う ・当たりやすいと噂の売店をリサーチし、そこで買う
英語を母国語に持つ女性と付き合う	大	・外国人がよく集まる居酒屋に、毎週末顔を出す

次から次とポンポン、よく対策を思い付くわねー。私はこんな感じかしら。

リスク	大きさ	対策
仕事が忙しすぎて勉強できない	極大	・専門学校に通い、強制的に勉強する時間を作る
友達に遊びに誘われすぎて勉強できない	極大	
交通事故に遭い、勉強できない	大	？？？

「交通事故に遭い、勉強できない」というリスクへの対策が「？（ハテナ）」になっているぞ。

思い付かないのよ。交通事故なんて、いくら自分が気を付けていても巻き込まれたらアウトだし、「外を出歩かない」なんて対策は非現実的だし。防ぎようがないわ。

押してもダメなら引いてみろ、だ。予防が思い付かないなら、万が一、その事態が起きてしまったとして、そのときのためにどうするかを考えるんだ。

交通事故に遭わないための対策ではなくて、遭ったときに困らないようにするための対策？

たとえば、交通事故で長期入院することになったとしたら…。入院の後半、元気になってきた時点で勉強したいだろう？　そのためには個室が欲しいだろうけど、お金がかかる。

だから、保険に入っておこうと。あー、そういう考え方ですね。なるほど。

 とは言え、対策には限界もある。ただ、ここで一番言いたかったことは、「**対策はいろいろな視点で考えてみると、新たなアイデアが出てくることもある**」ということだよ。

 よく分かりました。

📖 1時間目のまとめ

リスクの謎にせまる！

☐ リスクとは、未来に起こるかもしれない嫌なこと、嬉しいこと、である

リスクマネジメントの謎にせまる！

☐ リスクマネジメントとは、「リスクを予見し、事前に必要な手を打っておくこと」である

☐ リスクマネジメントは、「緊急性は低いが、重要性は高い」種類の活動であり、これを確実に履行するには仕組み化が必要不可欠である

リスクは何に吸い寄せられるのか？

☐ リスクは、その人・組織が達成したい目的を持った瞬間に生まれる

☐ 目的を持つと、目的達成に必要なモノが生まれ、目的達成に必要なモノが生まれると、そこにリスクが生まれる

☐ ゆえにリスクを明らかにしたいときは、目的とその目的達成のために必要なモノを明らかにしなければならない

どのリスクに目を付ける？（その1）

☐ 限られた時間とお金の中で数多く洗い出されたリスクに対応するためには、対応の優先順位付けをすることが必要である

☐ 優先順位付けをするためには、リスクの大きさを測ることが必要である

☐ リスクの大きさを測るためには、発生可能性と影響度の2つの指標が有効であり、「リスクの大きさ＝発生可能性×影響度」という計算式を使うことが一般的である

どのリスクに目を付ける？（その2）

☐ リスク分析結果に基づき、リスクの大きい順に対応の優先順位を付ける

☐ 発生可能性と影響度の乗算や足し算の大きさ以外にも、横軸に発生可能性、縦軸に影響度をとったリスクマトリックスを使い、優先順位を付ける方法がある

☐ リスク特定、リスク分析、リスク評価の3ステップを合わせて、リスクアセスメントと呼ぶ

どうやってリスクに立ち向かう？

☐ リスクに対する対策は、複数の視点で考えることが大事

どうやってリスクに立ち向かう？　29

2時間目

リスクマネジメントは家庭の成功にも使える!?

1時間目に習ったリスクマネジメント術は、家庭にも使うことができます。家庭の成功とは？　失敗とは？　それを実現・回避するため、本当にリスクマネジメント術が使えるのか？　具体的な事例を使いながら紹介していきます。

家庭の目的!?

2時間目のこの授業では、「家庭のリスクマネジメント」を通じて「リスクマネジメントの本質」を考えてみようと思う。

家庭のリスクマネジメント!?

おもしろそー!! はは、よくそんなこと思い付きますね。

意外とバカにできないんだぞ。家庭のトラブルは少なくない。日本の離婚率は年々増加しているしね。「あのとき、もっとこうしておけばよかった」という後悔は、家庭にこそたくさんあるはずだ。だから、そこをリスクマネジメントの力を借りて解決してみようというわけだ。

なるほど。

そこでだ。講義を進めやすくするために、君らに家族役をやってもらいたい。はるき君はお父さん役、なつき君はお母さん役。そして2人には、中学1年生の男の子と小学3年生の女の子がいる設定だ。

何だか想像が付かないけど…。頑張ってみます。

では、何から考えようか。1時間目のステップに倣うなら、次のような流れになるよね。ということで、まずはリスクの洗い出しだ。

```
リスクの洗い出し → リスクの大きさ算定 → リスク対応の優先順位付け → リスク対応
（リスク特定）   （リスク分析）      （リスク評価）
```

リスクマネジメントのステップ

離婚とかしか、思い付かないや。

待って待って。リスクを洗い出しやすくするために、まず、したほうがいいことを習ったわよね。「**リスクは『目的達成に必要なモノ』に吸い寄ってくる。だから、まずは目的を明らかにすること**」って。

ああ、そうか。ってことは、家庭の目的を考えろっていうことか。当たり前すぎて考えたこともないけれど、基本は、幸せになることだよな。

同意するわ。じゃあ、決まりね。私たちの目的は「幸せになること」。次は、「幸せになるために必要なモノ」を考えるのね。私たちが言う幸せってものは、どうなったらつかめるのかしら。

何かいいことがあったとき、困ったことがあったときには、すぐに報告し合える、助け合える。あとは、お金がたくさんあったら幸せだなぁ。庭の広い大きい家で…。年4回くらいは海外旅行がしたいなぁ。いや、海外に住んでもいい。

は、はるき…疑似家族だけど、もう完全に自分の将来を見つめている目だったわよ。

なつき君はどうだい？

私は、いつもみんなが笑顔なのがいいわ。食べるものに困らないくらいのお金は欲しいかな。自分たちの両親にも幸せになってほしいわ。子どもたちが自分の家族を持って、うちにしょっちゅう遊びに来る、みたいな将来がいいなぁ。

よし、それじゃー、これまでの2人の話をまとめてみよう。

家庭の目的⁉

> **我が家の目的**
> 　幸せになること
>
> **我が家の目標**
> - 笑顔を絶やさない間柄になること
> - 何か嬉しいとき、困ったときは、すぐに報告し合える仲になること
> - 自分たちの両親にも幸せになってもらうこと
> - 数億円の貯金を持つこと
> - 大きな庭が付いた一戸建てに住むこと
> - 年4回は海外旅行ができる家族になること
> - 子どもが大きくなって将来家族を持ったら、しょっちゅう遊びに来られるようになること

 おおおお！！　こうやってまとめると、何か雰囲気が出るなぁ。

 では、目的がはっきりしたところで、リスクを洗い出してみよう。

 じゃあ、分担して洗い出そう。僕は「将来に起こるかもしれない嫌なこと」を洗い出す。なつきは「嬉しいこと」を洗い出してみて。

 おもしろそうね。いいわよ。

- はるきが浮気をする
- 子どもたちが交通事故に遭う
- 会社をリストラされる
- 子どもがずっと結婚しない
- 家が火事で全焼する
- 僕が働きすぎで倒れる
- 子どもたちがイジメに遭う
- なつきママが病気になる
- 家事・子育ての不平等が起きる

- 両親が健康に年をとる
- 子どもが早く自立し、結婚する
- 家族の誰も大病をしない
- 子どもたちが将来やりたいことを見つける
- 格安物件が見つかる
- はるきお父さんが出世する
- はるきお父さんが毎年2回1週間の休みを取れる
- はるきお父さんが週末には家事をしてくれる
- はるきお父さんが平日週3回は子どもが寝る前に帰ってくる

はるき　　　　　　　なつき

　1人が嬉しいことだけを考えて、もう1人が嫌なことだけを考える、なかなかおもしろいアプローチだね。気が付いたことはあるかい？

　私たち、別々の観点で洗い出したのに同じことを言っているリスクがありますね。たとえば、はるきは「子どもたちが病気になる」と挙げたけれど、私は「家族の誰も大病をしない」を挙げている。これは、同じことを別の表現で言っているだけよね。

　ポジティブな観点で考えたからこそ、特定できたリスクもあるな。「子どもたちが将来やりたいことを見つける」は、裏返せば「子どもたちがいつになっても将来やりたいことを見つけられない」というリスクなんだろうが、僕は思い付かなかった。

　つまり、**いろいろな観点からリスクを洗い出した方が、リスクをたくさん出せる**というわけだね。うんうん。

何が家庭崩壊につながる!?

次は、リスク分析、つまり、リスクの大きさを算定するんでしたよね。リスクそれぞれの発生可能性と影響度を考えるんですよね。

先生にさっき教えてもらった、リスクマトリックスってやつを使おう。

そうね。こうかしら。

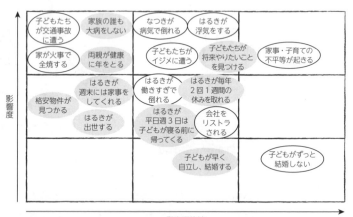

リストマトリックスでリスクの大きさを整理する

できたー！ しっかしよー、僕の浮気の発生可能性が2って高すぎないか？ 僕ってそんなに信用ないのかよ。

まだ言ってるの!? どうかしら。でも、この前何かの統計で、男性の30％は浮気しているってあったわよ。

おまえ…何で、そんなに詳しいんだ!? あと、「僕が週末に家事をする」確率が1ってのもなぁ。低すぎないか!?

あら、あなたは言わなければ、何もやらなさそうじゃない？　そんなに気が付くタイプじゃないわよ。それにだからこそ、コントロールしましょうっていう話なわけで、別にやる自信があるなら、困ることは何1つないじゃない!?

ふぇ〜。言われ放題だな。まぁ、当たっているかどうかは別にしても、こういうのって話してみると、**お互いの認識がどれだけずれているかが分かって、すごく意味がある**かも。

具体的には、たとえば？

「浮気」の影響度が3っていうのは、自分としてはまさかそこまでって思ったし、「家事や子育ての不平等」なんて、大した影響ないやって思っていたけど、女性はそうは思っていないんだなって。

なるほど。

相手がどこまで深刻に捉えているのかが分かると、それだけでもう少し真面目に考えようって気になる。

何が家庭崩壊につながる!?　　37

そうね。結局、男性と女性は考え方も違うしね。きっとコミュニケーションをとっているようでとっていないものね。

いいポイントだ。**リスクマネジメントはコミュニケーションツールでもある**んだ。家庭のリスクマネジメントもバカにできないだろう？

はい、まったく馬鹿にできません。

リスクマネジメントが家庭を救う!?

次は、リスク評価だよな。さて、どうやって優先順位を付けようか？

1時間目の授業で習った、色の付いたリスクマトリックスをそのまま使えばいいんじゃないかしら。ほら、こんな風に。

優先順位をリスクの大きさで考える

お、いいね。そうしたら濃淡を考慮して、もっとも濃いエリアにあるリスクについて対策を考えることにしようか？

そうすると、全部で5つね。

よし、じゃあ、対策を出してみよう。

リスクの種類と大きさ、対策

種類	リスク	大きさ	対策
嫌なこと	家事・子育ての不平等が起きる	極大	・家事・子育て分担ルールを決める（平日はなつき、週末ははるき等）
嫌なこと	はるきが浮気をする	極大	・お互いの携帯電話をいつでも見られるようにしておく
嫌なこと	子どもたちがイジメに遭う	極大	・子どもとの毎日のスキンシップを大切にする
嫌なこと	なつきが病気で倒れる	極大	・健康診断を必ず受ける ・突発的な出費に備えて医療保険に入る
嬉しいこと	子どもたちが将来やりたいことを見つける	極大	・毎週、いろいろなところに連れて行ってあげる

こんな感じになりました。

おお。いい感じだねぇ。1時間目の授業で教えた「**押してダメなら引いてみる**」も実践しているようだね。

はい。そのお陰で「なつきが病気で倒れる」リスクに対して、「医療保険への加入」というのを思い付くことができました。

なるほど。これで家庭のリスクマネジメントは完了だね。1つ質問だ。全体を通じてどうだったかな？

当たり前だと思っていたことも、コミュニケーションギャップを発見できるなんて新鮮でした。まさか、リスクマネジメントが私生活に対して使えるなんて。

むしろ、コミュニケーションギャップが起きやすい家庭にこそ必要かもな。「リスクマネジメントは、コミュニケーションツール」という先生の言葉は、名言だと思う。

リスクマネジメントの有効性をまた実感してもらえたようで、よかったよ。2人が、しっかりと1時間目で習った授業を踏まえて、リスクマネジメントを実践してくれたからだ。

　お疲れさまでした！

> #### 本当にやったらどうなる？　～家庭のリスクマネジメント
>
> 「家庭のリスクマネジメント」…本の上だけの事例で、冗談でしょう？　と思っている人がいるかもしれませんが、実際に利用できるアプローチです。
>
> 筆者の同僚は実際にやってみたそうです。普段、当たり前すぎて口に出さないことを言語にすることで、「そんなことを考えていたのか!?」とお互いの意思疎通を図ることができたそうです。このワークショップを行った本人の言葉を借りて、流れや発見について書いておきます。
>
> ● **家庭のリスクマネジメントワークショップを実際に行った本人談**
>
> 題して、「幸せで素敵な家族を創る家族会議」。
> 家族構成：16歳（男）、12歳（男）、12歳（男）、10歳（女）の子どもたちと家内
>
> まず、会議室を確保しました。子どもたちにとっても、自宅でやるのとは違い、会社の会議室でプロジェクターやホワイトボードなどが揃っている環境は特別な感覚が芽生えます。アジェンダですが、まずは家長である私が、どんな家族を目指したいのか、何を大切に、家族運営をしていきたいと思っているのかについて話しました。それ以降は、みんなが参加するワークショップです。
>
> 1. 自己紹介
> 2. 自分の目標
> 3. 家族の目標
> 4. 我々のおかれている環境分析

5. 目標達成のための施策

6. 中長期運用計画

の6つです。

　最初に、まず自己紹介を作ってもらいます。みんなが発表していくと、子どもたちって自分のことをこんな風に考えているんだなとか、お互いに対する質問で、こんなことに興味があるんだなとか、いろいろなことが見えてきます。

　また、目標設定もとても大事です。家族をどう運営するかといっても、そもそもメンバー全員がどんなことを望んでいるのかを知り、みんなでなりたい姿を合意することが出発点です。一般的な話として、子どもたちは言うに及ばず、奥さんとでも普段からそうした時間を持たなければ、どんな家族になりたいのかお互い理解していないことが多いと思います。今回は4時間の時間を取って実施しましたが、あっという間でした。

　その中で多くの気付きがありました。たとえば、子どもたちが将来に対して持っている希望や不安を理解できました。そして、子どもたちがファシリテーションを積極的に行ってみたり、その内容を誰も指示していないのに、その場でどんどん文書化している姿を見て、あれ、こんなことができるんだなという発見がありました。

そして、このワークショップから数年が経過して、今どう思っているかを本人に聞いてみました。

「リスクマネジメントって形だけど、こうした活動に出合えなければ、今と同じ家庭のクオリティにはならなかったと思っています。実感として大いにその価値を感じます。」とのこと。

少しでも興味を持たれた方はだまされたと思って、一度、やってみてください。そして、せっかくですからこれを機会に、家訓でも作ってみてはいかがでしょうか。

📖 2時間目のまとめ

家庭の目的!?

☐ 家庭のリスクマネジメントといえど、アプローチの仕方は常に一緒。リスク特定→リスク分析→リスク評価→リスク対応となる

☐ リスク特定では、「何の目的に対するリスクを洗い出すのか?」すなわち、家庭の目的やゴールを確認することが大事

何が家庭崩壊につながる!?

☐ 家庭のリスクといえど、リスクの大きさの算定の仕方も一緒

☐ リスクの大きさについて会話を交わすことで、夫婦間での価値観やモノゴトに対する認識のズレが浮き彫りになる

リスクマネジメントが家庭を救う!?

☐ 「将来起こるかもしれない嫌なこと」だけではなく、「嬉しいこと」でリスクを考えることは、視野を広げる

☐ リスクマネジメントは、いいコミュニケーションツール

初級編

3時間目

リスクマネジメントは組織の成功にも使える!?

4時間目

リスク洗い出しの最強ツール

3 時間目

リスクマネジメントは組織の成功にも使える!?

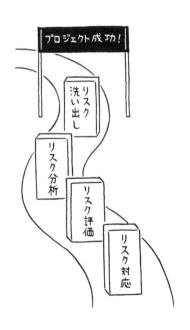

個人と家庭でのリスクマネジメント、これまでの授業で、リスクマネジメントの理屈は分かったと思います。これを組織、企業や団体にも活用できるのでしょうか？ いつものように具体例を用いながら、企業におけるリスクマネジメントの流れ、そのときに生じる課題、その解決方法について解説していきます。

質と量が大きく違う、リスク洗い出し

これまで学んできたリスクマネジメント術が、企業や団体になるとどう変わるのか、具体例で考えてみよう。どの組織にも、プロジェクトはつきものだから、**プロジェクトをする際のリスクマネジメント**について考えてみようか。

プロジェクトって、あの、いわゆるプロジェクト？

そうだ。今回、君らはソフトドリンクの製造販売をしている飲料品メーカー社員ってことにしよう。その会社で、素敵な景品を付ける。そんなプロジェクトチームを任されたことにしよう。

景品って何でしょうか？

その景品は、ソフトドリンクのペットボトルを2本冷やせるミニ冷蔵庫なんてどうだい!?

ミニ冷蔵庫の景品プロジェクト？ そんなの、やったことないけれど、できるかなぁ。

素人だから、いいんだよ。リスクマネジメントでどこまでできるのかも、どこが課題になるのかも見えやすいしね。

分かりました。例によって次のようなステップで考えればいいんでしたよね。まずは、リスクの洗い出しね。

リスクマネジメントのステップ

リスクの洗い出しのためには、「**目的と、目的達成に必要なモノ**」を特定しなきゃいけないんだったな。景品を付ける目的って、そんなの、販売数量のアップしかないんじゃ…。

売上ではなく、認知度アップっていうこともあり得るわ。

そうか、そうだな。そう考えると、何を達成したいのかって、企業のおかれた環境によって変わるよな。

企業のおかれた環境によって目的が変わるのは、そのとおりだ。だから、本来は「目的」以前に、**企業のおかれた環境**というか、**前提条件**を決めることがいいだろうね。

リスクの基になる要素

なるほど。じゃあ「企業のおかれた環境」については、今回はやはりシンプルに「世の中にソフトドリンクの種類がたくさんあふれすぎていて、よほど注目されないと、誰も買わない環境」ってことにしよう。

そうすると、「目的とその達成に必要なモノ」はこんな感じかしらね。魅力がなければ誰も買ってくれないし、かといって、品質が悪ければ口コミであっという間に評判が下がるし…。

質と量が大きく違う、リスク洗い出し 47

> **目的**
> - 注目度アップを通じてソフトドリンクの販売数量を伸ばすこと
>
> **目的達成に必要なモノ**
> - 一定の「安全」「品質」「魅力」「採算」を満たすこと

OKだ。では、次はリスクの洗い出しだね。

おし、いつものように、嬉しいこと・嫌なことを出してみよう！

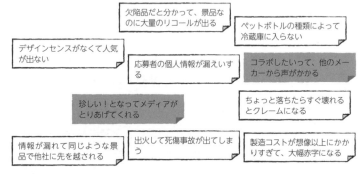

リスクになりそうな嬉しいこと・嫌なことを洗い出す

結構出せたわね。でも、慣れた分野じゃないし、思い付きでやっているから、全部を出せたかどうかがすごく不安だわ。

そうだなぁ。個人や家庭のリスクマネジメントとは違って責任が伴うもんな。「思い付きで出してみました〜」みたいなノリでやって、大事故とかが起きたら、世間からすごいバッシングを受けそう。

組織のリスクマネジメントにおいて、直面する課題の1つはそれだ。思い付きでやるにしても、**本当に全部洗い出せたのか？** という不安が頭をもたげる。

でも実際、私たちには知識がないし、どうしたらいいんでしょうか？

3つの方法がある。1つ目は、「**目的達成に必要なモノ**」をしっかりと押さえること。これは、すでに2人は実践しているよね。

はい。

2つ目は、洗い出すリスクの種類に合わせて、**広く知られた洗い出し手法の活用**を検討すること。

広く知られた洗い出し手法の活用？

詳しくは、あとの4時間目の授業で解説するが、今回のようなプロジェクトに関するリスクの場合、そのプロセスを軸にリスクを洗い出すこともできる。たとえば、次のような感じだ。

プロジェクトプロセスを軸にしたリスク洗い出し例

	安全	品質	魅力	採算
設計	設計ミス		デザイン不良	
試作・量産	…	…		コストオーバー …
抽選・発表		誤発表 / 不法行為	…	
発送・納品	…	発送遅延		
利用・保守	死傷事故	故障		大量リコール

何となく、**考える際の軸**というか、**フレームワーク**や**枠組み**のようなものですね。

そうだね。他にも、あるいはプロジェクトの三角形といわれる「品質・コスト・納期」という軸で洗い出すことも有効だろう。

質と量が大きく違う、リスク洗い出し 49

なるほど。そうした「考えるための軸」を与えてもらえると、洗い出しがしやすくなりそうだ。

そして、**リスク洗い出しの際に適切な人材を巻き込めているかどうか**…これがリスク洗い出しの3つ目のポイントだ。

当たり前じゃないですか？

そう思うだろう？ だが、これが意外にきちんと実践できていない組織が多いんだ。いろいろな人を巻き込むのは面倒くさいってね。

今回の場合で言うと、新製品の企画・設計経験者や、景品を作ったことのある経験者が必要だったということですね。

そうだね。もちろん、常に経験者を引っ張ってこられるかどうかは分からない。本当に誰も経験したことのない新分野のプロジェクトであれば、さっき言ったような洗い出しを助ける何らかの軸をうまく使ってやっていくしかない。

本当に洗い出せたのか？ という不安を解決する方法

1. 「目的達成に必要なモノ」を、しっかりとおさえること
2. 広く知られた洗い出し手法の活用
3. リスク洗い出しの際に、適切な人材を巻き込めているかどうか

まぁ、今回は授業だからね。組織のリスクマネジメントがどんなものか、どんな課題があるのかを体感してもらうのが狙いだったし、さっき洗い出してくれたリスクで十分だろう。

ビジネスになって求められる質がちょっと高くなっただけで、考えることがこれだけ増えるとはね。正直、びっくりだ。

まだ驚くのは早いよ。質だけでなく、量も多くなってくるよ。でも、だからこそ、リスクマネジメントがいよいよ重要になってくるのさ。

企業のおかれた環境を分析する!?

　リスクマネジメントはあくまでも目的達成を促進するための1つの手段です。ではその目的は何か？　といえば、組織においては、組織がおかれた環境によって変わってきます。

　では、その環境をどのようにひも解くのでしょうか。一般的には、外的環境・内的環境の両方の側面を分析していきます。外的環境とは、会社を取り巻く外側の環境のことであり、経済環境や法規制環境などを指します。たとえば、海外進出などをしている企業であれば、進出先によっては、国の法規制がひんぱんに変わり、法的要件を満たすことが課題になります。また、内的環境とは、組織内部の環境のことであり、組織文化や経営資源を指します。たとえば、組織がITシステムに強く依存する環境であれば、システムの管理が課題になる可能性があります。

　なお、リスクマネジメントの国際規格であるISO31000によれば、組織内外の環境について次のような観点で分析することが望ましいと述べています。

課題洗い出しの観点

外的環境	社会・文化・政治的環境
	法規制環境
	金融環境
	技術環境
	経済環境
	自然環境
	競争環境
内的環境	ガバナンス、組織体制、役割、アカウンタビリティ
	方針、目的、戦略
	資源
	内部ステークホルダーとの関係、内部ステークホルダーの認知及び価値観
	組織文化
	ITシステム、及決裁プロセス
	組織が採用する規格、指針、モデル
	契約関係の形態及び範囲

【出典】「ISO31000:2009 5.3 組織の状況の確定」を基に、筆者が編集

こうした観点から、組織のおかれた環境や特徴をひも解いて、リスクマネジメントによってどんな課題を解決したいのか、どんな目的を達成したいのかを決めていくのです。

ブレにブレるモノサシ問題!?　リスク分析

さて、次はリスクの大きさの算定、リスク分析だね。さっき2人が出してくれた景品プロジェクトのリスクを基に考えてごらん。

発生可能性を横軸、影響度を縦軸にとったリスクマトリックスを基に考えればいいですよね。よし、今度は5×5の表で考えてみよう。

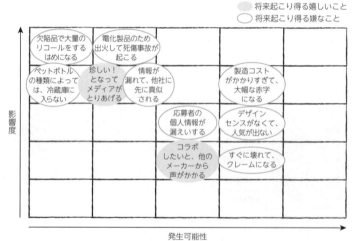

リスクマトリックスに各リスクを当てはめる

5段階ね。こんな感じになったわ。「製造コストがかかりすぎて、大幅な赤字になる」が一番、大きいリスクみたいだけど。

順調だね。リスク分析をやってみて、何か気が付いたことはあるかい。

影響度の判断で、かなり迷いました。影響度といっても、金銭換算しやすいものと、そうじゃないものがあって。

そうそう。たとえば「製造コストがかかりすぎて、大幅な赤字になるリスク」と「応募者の個人情報が漏えいする」のリスク。前者は、仮説でコスト換算ができるけど、後者は、よく分からないっていうか。

確かにそうだね。でも、比較しなきゃいけないんだから、多少無理をしても、**同じモノサシを用意しなければいけない**よね。ちなみにたとえば、情報漏えいに関していえば、個人情報1件あたりにかかるコストというのが算定されているよ。

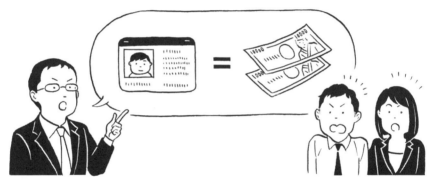

えっ!? 個人情報に値段が付いているの!?

1件あたり500円〜1万円と、漏えいした内容や企業によって支払う金額にばらつきがあるようだがね。これに弁護士費用や人の稼働コストが上乗せされるけれど、こうした数字を参考にするのも手だろうね。

影響度だけじゃなくて、発生可能性にも同じようなことが言えるわ。「すぐに壊れて、クレームになる」と、「デザインセンスがなくて、人気が出ない」っていうリスクの発生可能性の区別は正直付かないわ。

ブレにブレるモノサシ問題!? リスク分析 53

まったくだ。

ましてや、これが大きい組織になって、リスクの数が増えたり、巻き込む関係者が増えてくると、いよいよ難しいよね。

どうしたらいいのかしら。

基準がないと、人によって判断がブレる。だから、組織でやるときはあらかじめリスク分析のための**判断基準を定義しておく**ことが多い。たとえば、次のようにね。

判断基準例

レベル	影響度	発生可能性
3	・1億円相当の利益を喪失 または ・個人データ20,000件の流出	滅多に起こらない
2	・5千万円相当の利益を喪失 または ・個人データ10,000件の流出	数年に1回程度発生する
1	・1千万円相当の利益を喪失 または ・個人データ2,000件の流出	1年に1回発生する

確かにこれは便利そうだ。ただし、この基準を作るのにまたひと悶着ありそうだけど。

しかも、この判断基準でもまだ迷うわよね。たとえば、「1年に1回発生する」って言われても、微妙だわ。

おっと、ちょっと待った。2人とも、よくあるドツボにはまりかけているな。リスクマネジメントでは、**完璧であることを目指しちゃいけない**。

え!?

考えてごらん。いつどこで何が起きるか分からないからリスク、ということは習っただろう？ そもそもが、不確実なものについて議論をしているんだ。**正確な数値なんか、出るわけない**じゃないか。

確かに。

もちろん、**判断がブレないように判断基準を設けることは大切だし、そこには一定の合理性が求められるべき**だ。だが、**リスクアセスメントの目的は、限られた資源を有効活用すること**だ。つまり、どのリスクに優先対応すべきかが、ある程度分かればいい。

そう言われるとそうだなぁ。地震とか盗難とか統計データがあるものはまだしも、これまでに一度も起きたことのないリスクだったら、分からなくて当然だよな。

分かってくれたかな。それではここでいったん休憩にしよう。

リスク分析の判断基準の作り方

　組織においては、体系的なリスク分析を行うことが求められます。体系的とは、誰が行ってもほぼ同じ結果が得られる状態を意味します。すなわち、Aさんがリスク分析を行っても、Bさんが行っても、同じ回答が出るようなものでなければなりません。

　そのためには、「リスク分析の判断基準」が必要になります。なお、リスク分析の判断基準は、影響度や発生可能性を決めやすいものでなくてはなりません。次ページの表に具体例を示しておきます。

影響度

等級	表記	定義
5	極大	・X億円以上の財政的損失 ・長期間にわたり国際紙等有名メディアに掲載；市場シェアの順位を入れ替えるほどの損失 ・著しく重大な起訴や罰金、集団訴訟、経営陣の収監 ・従業員や顧客やベンダーなど第三者に死傷者の発生 ・複数のシニアリーダーの退職
4	大	・X億円からY億円の財政的損失 ・長期間にわたり全国紙などの有名メディアに掲載；市場シェアの著しい喪失 ・規制当局への報告義務があり、大掛かりな再発防止プロジェクト化が要求される事案 ・従業員、顧客やベンダーなど第三者の限定的入院 ・数人のシニアマネージャーが退職し、経験豊かな従業員の離職率の上昇
3	中	・X億円からY億円の財政的損失 ・全国紙などのメディアに短期間掲載 ・規制当局への報告義務があり、早急な是正対応が必要な規制違反 ・従業員、顧客やベンダーなど第三者の、限定的ではあるが通院を必要とする負傷 ・多数の従業員の士気低下による、高い離職率
2	小	・X億円からY億円の財政的損失 ・一地方での風評 ・報告義務はあるが、フォローアップの不要なインシデント ・従業員、顧客やベンダーなど第三者に負傷者がほぼない、または軽傷者発生程度の被害 ・一般従業員の士気低下と離職率の上昇傾向
1	極小	・X億円以下の財政的損失 ・一地方での悪評がすぐに改善 ・規制当局への報告義務のない違反 ・従業員と顧客やベンダーなど第三者に負傷が出ない程度の被害 ・孤立した従業員が不満を感じている状態

発生可能性

等級	頻度(年換算)		発生可能性※	
	表記	定義	表記	定義
5	極大	2年に一度	起こるのはほぼ確か	90%以上
4	大	2〜25年に一度	起こりそう	65〜90%
3	中	25〜50年に一度	起こり得る	35〜65%
2	小	50〜100年に一度	起こりそうもない	10〜35%
1	極小	100年に一度起こるか否か	まれ	10%以下

※資産の償却年数やプロジェクト期間中の発生確率のこと

【出典】Risk Assessment in Practice COSO[1]

---

[1]　COSOとはThe Committee of Sponsoring Organizations of the Treadway Commission（米国トレッドウェイ委員会組織委員会）のことであり、元は米国において企業不正を正すために編成された組織である。

どこまで絞り込むのが正解!? リスク評価

ソフトドリンクに付ける景品、えっとミニ冷蔵庫に関するリスクを洗い出そうということで進めてきたリスクマネジメントだが、次は対応の優先順位付け、すなわちリスク評価だね。

先の授業と同様、リスクマトリックスに色を付けてみるのがいいかな。色が濃いエリアほど、リスクが大きいということで。

色付きリスクマトリックスでリスクの大きさを整理する

ということは「将来起こり得る嫌なこと」については、色が一番濃いエリアに貼り付けられているリスクに着目したほうがよさそうね。

では、逆に「将来起こり得る嬉しいこと」については、色が一番薄いエリアのリスクに着目しようか?

待って。どうせ同じ嬉しいことをテコ入れするなら、もたらされる影響が大きいもののほうがよくないかしら?

それも一理ある。じゃあ、その考えを採用して「珍しい!となってメディアがとりあげる」っていうリスクを選ぶことにしようか。

そうすると、こんな感じね。「電化製品のため出火して死傷事故が起こる」「製造コストがかかりすぎて、大幅な赤字になる」「珍しい！となってメディアがとりあげる」の3つになったわ。

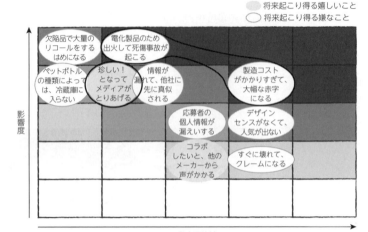

リスクの絞り込み

リスク分析結果だけを鵜呑みにせず、いろいろな要素を考慮して対応すべきリスクを決めたんだね。いいセンスだ。ところで、この作業を行うにあたって、何か気が付いたことはあるかい？

はい。**適当に3つに絞ったけれど、それでいいのか？** という不安があります。

それと、リスク分析のとき同様、**作業者によって結果が変わってしまいかねない**ことが不安です。実際、「将来起こり得る嬉しいこと」については、私たちの独断と偏見で決めた感が強いです。

なるほど。では、まず1つ目の問題から片付けよう。ええっと、3つに絞ってもいいのか？ だったね。どう解決しようか？

リスク評価を行いながら3つだけにしようとか、5つだけにしようとかを決めるのではなく、基準を設けておいて、あらかじめそれにリーダーが合意してくれていれば、安心して進めることができると思います。

上位5つのリスクとか、全体の上位何割かのリスクには対応するとかみたいな感じだよな。あるいは、一定の大きさ以上のリスクにはみんな対応するとか。

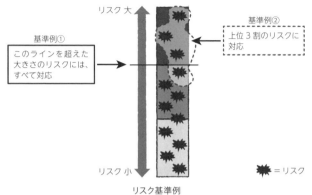

リスク基準例

すばらしい。ヒントなしに、よくそこまで導き出したね。しかも、その方法をとれば、2つ目の「独断と偏見」問題も、自然に解決されるね。ちなみにそのような基準には、実は立派な言葉がある。**リスク基準**と呼ぶ。さっきのリスクマトリックスに当てはめるとこんな感じかな。

リスクマトリックスとリスク基準

どこまで絞り込むのが正解!? リスク評価　59

この例示は分かりやすいわ。なるほど、リスク対応の優先順位付けをする前に、そのリスク基準を決めておけばいいのね。

 ちなみに、どうやって決めるものなんですか？ 社長に「決めてください！」って言えばいいんでしょうか？

 早い話がそうだ。まぁ、ただ単に決めてくださいっていうのは、さすがに乱暴だがね。無視できるリスク、無視できないリスクの具体例についていくつか協議してみて、決めていく感じになるだろうな。

 よく、分かりました！

上級者向けの特別講義 リスク基準の具体例

　リスク基準は、リスク評価を行う際の判断基準です。リスク基準はこのように定義されなければいけないというフォーマットはありませんが、たとえば、次のように表すこともできます。

リスク基準例

リスクの大きさ	対応要否	対応優先度
21〜25点	要対応	数か月以内の解決を目指す
12〜20点		1年以内の解決を目指す
1〜11点	対応不要	ー

　見てのとおり、大きく2つの基準を設けることが一般的です。1つ目の基準は、そもそも対応すべきリスクかどうかを判断するものです。そして、2つ目の基準は、対応するとして、どのリスクへの対応を、より優先的に考えるかを判断するものです。

リスク基準に似て非なるもの、リスク選好?

リスク基準と似ている言葉に、「**リスク選好**」というものがあります。リスク選好は、英語では、Risk Appetite（リスクアペタイト）と記述され、直訳すると「リスクに対する食欲」です。文字どおり「組織はどれだけリスク（食欲）旺盛か」という意味です。すなわち、「ハイリスクハイリターン」の姿勢で臨むのか、「ローリスクローリターン」の姿勢で臨むのか、こうした姿勢をハッキリ示すものを、「リスク選好」ということもできます。

リスク選好は、許容できる最大損失額という観点から、失う利益やキャッシュフロー、自己資本比率水準などで示されることもあります。

ちなみに、国際的な金融機関に課せられたBIS規制（その金融機関が持つリスクの総量に対して、一定のパーセントを超えた自己資本比率を維持しなければならない、といった規制）はこれに該当します。

こうした指標以外にも、「自分たちが最終的に市場シェア1位になる可能性が10%以下なら、その事業に手を出さない」とか、「B to Cのビジネスモデルには手を出さない」など、禁則事項として示すのもリスク選好の一例です。

このように、経営が戦略の意思決定の一助になると判断したものであれば、リスクの取り方に関してどのような数値・言葉で示したとしても、それは「リスク選好」ということができます。事実、COSO-ERM[*2]によれば、経営理念や経営戦略も、ある種のリスク選好であると述べています。

フレームワークを使いこなす!?　リスク対応

さて、対応すべきリスクは、何だったかな？

次の3つです。

- 製造コストがかかりすぎて、大幅な赤字になる（嫌なこと）
- 電化製品のため出火して死傷事故が起こる（嫌なこと）
- 珍しい！となってメディアがとりあげる（嬉しいこと）

では、次のステップは何だったっけ？

---

*2　超初級編の1時間目、8ページを参照。

リスク対応です。

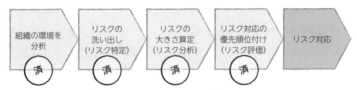

リスクマネジメントのプロセスにおける現在位置

では、早速、考えてみてくれるかい?

余裕、余裕。こんな感じかな。

リスク対応

リスク	大きさ	解決策
製造コストがかかりすぎて、大幅な赤字になる	極大	最初に、松竹梅のシミュレーションを行い、どれくらいだと採算がとれるかを算出し、予算を決める
電化製品のため出火して死傷事故が起こる	極大	製造をお願いする委託先の選定基準を厳格に行う。保険をかける
珍しい!となってメディアがとりあげる	大	プロモーションにも一定の予算を確保する

ふむふむ。何か質問はあるかい?

対策も、リスク洗い出しのときと一緒で、「**本当にこれで十分なのか**」が気になりました。何か工夫できないものでしょうか?

さっきのリスク洗い出しの際のヒントに倣えば、次の3つの方法があるだろうね。ちなみに、「適切な人材を巻き込むこと」というのは、もう説明しなくても分かるよね。

本当にこれで十分なのか？ という不安を解決する方法

1. 適切な人材を巻き込むこと
2. 対策洗い出しの工夫をすること
3. リスクの大きさがどこまで減ったかを確認すること

2番目の「対策洗い出しの工夫」ってどんな工夫ですか？ 一応、これも1時間目の授業で、**未然防止の対策だけでなく、不運にして事故を防げなかったときの対策の両面から考えるという工夫**の仕方を習いはしましたが。

それで、本当に工夫し尽くせたと言えるかどうかよね。

では、今度はもう少しステップアップしよう。リスク洗い出しのときに出したフレームワークのように、**リスク対応にも対策を考えるフレームワークのようなもの**がある。ここでは代表的な3種類のフレームワークを教えておこう。

- その1　リスク受容、リスク軽減、リスク共有、リスク回避
- その2　物理的対策、技術的対策、運用的対策
- その3　予防的対策、発見的対策、対処的対策

1つ目の「リスク受容」「リスク軽減」「リスク共有」「リスク回避」は、何か聞いたことがあるわ。

そうだろう。有名だからね。分かりやすく、ホームセキュリティを例にとって考えてみようか。それぞれざっと、次のような感じになるかな。

	その1	その2	その3
対策	リスク受容 (何もしない)	物理的対策 (頑丈な扉を付ける)	予防的対策 (犬を飼う)
	リスク軽減 (二重カギにする)	技術的対策 (防犯ブザーを設置する)	発見的対策 (監視カメラを設置する)
	リスク共有 (盗難保険に入る)	人的対策 (不在中、新聞配達を止める)	対処的対策 (警備会社と契約する)
	リスク回避 (何も持たない)		

対策を考える際のフレームワーク例

「リスク共有」のところで「盗難保険に入る」とありますが、「リスク共有」って、具体的にどういう意味ですか？

「リスク共有」とは、文字どおり、リスクを他者と分かち合うという意味だ。保険はまさに典型例だ。専門家にリスク管理を任せるというのも「リスク共有」だ。たとえば、システム管理を素人の我々ではなく、プロの会社にアウトソースする、とかね。

「対処的対策」とはどういう意味ですか？

さっき、はるき君が言ってくれたように「不運にして事故を防げなかったときの対策」、つまり事後を意識した対策という意味さ。

へぇ〜。いろいろあるんだなぁ。よし、せっかくだから、今もらったヒントのその③で、対策を考え直してみようか。

リスク対応の詳細

リスク	対策のタイプ	解決策
製造コストがかかりすぎて、大幅な赤字になる	予防	最初に、どれくらいだと採算がとれるかを分析し、予算を決める
	発見	売上進捗の週次ミーティングを行い、採算割れを起こしそうかどうかを確認する
	対処	予防策と同様。最悪、どこまでのマイナスなら受け入れられるかを予算策定時に決めておく
電化製品のため出火して死傷事故が起こる	予防	製造をお願いする委託先の選定基準を厳格に行う
	発見	死傷事故とまでいかなくても、誤作動した事例件数を追いかける。SNSでのネガティブコメントをモニタリングする
	対処	保険をかける
珍しい！となってメディアがとりあげる	予防	プロモーションにも一定の予算を確保する
	発見	テレビ、新聞、Webニュース、SNSなどをモニタリングする
	対処	情報発信頻度を2倍に増やす

あら、確かに、洗い出しやすくなったわね。スゴイ！

よろしい。では、「対策の洗い出しが本当にこれで十分なのか」という課題を解決するための3点目、「リスクの大きさがどこまで減ったかを確認すること」について話を進めよう。

リスクの大きさが減ったか、まで、わざわざ確認するのか。面倒だな。

はは。家庭のリスクマネジメントなら「十分な対策を考えました」という意気込みで十分だろうが、企業だと、「十分な」というところを、第三者に合理的に説明できるようになっていないといけないからね。

一番シンプルなのは、今挙げた対策を考慮して、再度、リスクの大きさを算定し直してみるということじゃないかしら。

対策前のリスクの大きさと、対策後のリスクの大きさ

授業の中で出てくる「対策後のリスクの大きさ」のことを特に、**残留リスク**（または残余リスク、残存リスク）と呼びます。

組織のトップはリスクマネジメントを行う中で、この残留リスクの大きさを認識し、受容しておく必要があります。残留リスクは、対策後の発生可能性の大きさ、および、対策後の影響度の大きさで算定するのが一般的です。

逆に対策前のリスクの大きさのことを、**固有リスク**と呼ぶことがあります。固有リスクは、その名のとおり、リスクが本来持っているリスクの大きさを指し、企業が何も対策を打っていなかったとした場合のリスクを指します。

そうだよな。僕も今そう思った。たとえば、「電化製品のため出火して死傷事故が起こる」っていうリスクに対して、3つの対策を挙げたけれど、これらをやることで、どれだけ発生可能性や影響度が下がったか、ということだよな。それなら出せそうだ。

そうすると、こんな感じかしら。

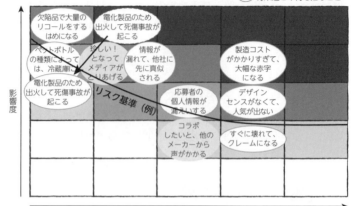

リスク対策後におけるリスクの大きさの再算定

お、そうすると、さっき作ったリスク基準よりも下回ることになるね。ちょうどいい。

2人が指摘してくれたとおり、**対策導入後のリスクの大きさを再算定し、それがリスク基準を下回っているかどうか**が、「十分な対策を打てたかどうか」の判断目安になるだろう。

でも、先生。もし、頑張ってもリスク基準ってやつを下回らなかったら？

そうしたら、社長がもっとお金を出すのか、それだけのリスクが残るならばこのミニ冷蔵庫の企画を止めるのか、あるいは、そのリスクを受け入れるのか、3択しかないね。

ごもっともですね。

国際規格に見るリスク対応のもう1つの観点

　リスク対応については、リスクマネジメントの教科書的存在である国際規格ISO31000などを参考にしてみると、授業中に出てきた3種類のフレームワークの1つ（その1）に示される4つの視点が、7つの視点に分解されていることが分かります。

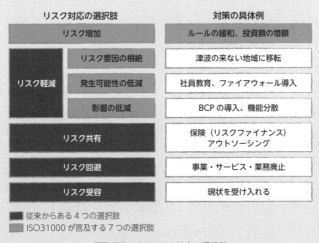

国際規格にみるリスク対応の選択肢

　特徴的なのは、この7つの選択肢のうちの「リスク増加」という選択肢です。リスクというと何かと減らすことを考えがちですが、それが仮に「将来に起こるかもしれない嬉しいこと」であれば、むしろリスクを増加させるべきだからです。また、「最悪でもそれだけの影響度で済むのであれば、ルールを緩和しよう」という考え方にもつながります。

　ただし、選択肢が増えすぎると、かえって混乱するケースもあります。あくまでも、必要十分な対策を導き出すための支援ツールという位置付けで活用することが望ましいでしょう。

リスクの大きさによって変わる対策の種類

リスクが、リスクマトリックス上のどの位置を占めるかによって、リスク対応の選択肢が変わってきます。

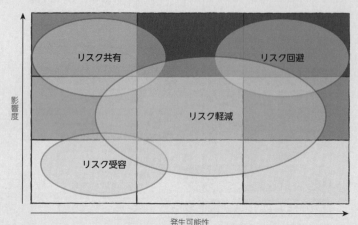

リスクマトリックスとリスク対応の選択肢の関係性

どのエリアにあっても、「リスク軽減」は常に選択肢としてトップにありますが、発生可能性も影響度も大きいエリアのリスクについては、あまりにリスクが大きすぎることから「リスク回避」、すなわち、そのビジネスを取りやめることも念頭に置く必要があるでしょう。

また、発生頻度は小さく、影響度が大きいエリアは、何かあったときのダメージを一組織では吸収できない可能性が高いため、保険などの「リスク共有」を考えることが推奨されます。

さらに、リスクはゼロにはならないため、発生可能性も影響度も小さいエリアについては「リスク受容」という選択肢が一般的といえるでしょう。

対策をすればそれで終わり、じゃない!? モニタリング・改善

あれ、今回の授業はもう終わりじゃないんですか？ 授業の始めで挙げた4つの活動はすべて終えましたが…。

リスクマネジメントのプロセスのその後は？

どうかな。前に話したPDCAという言葉を覚えているかい？ ここまでの活動は、このPDCAでいうと、どこまで終わったと思う？

どこって。リスクを特定してどう対応するかを決めるのは計画、つまりPだろう？ で、対策を実行しているのはDか。あ、そうか！ **リスク対応が終わったという意味は、PDCAでいうDまでが終わったにすぎないのか。つまり、CAがまだ残っている。**

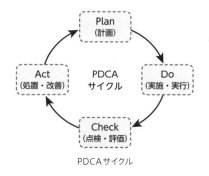
PDCAサイクル

そうだ。企業レベルになると、CA、つまりチェックと改善がないっていうのは、2つの大きな弊害をもたらす。1つは**「リスクにはもう十分に対応できた」と思い込んでしまう弊害**だ。

実際は、確認してみなければ、対策が役に立っているかどうかなんて分からないものね。

そして、もう1つは**「対策がどんどん増えていってしまう」弊害**だ。ルールもオフィスのゴミと一緒で、ときどき、断捨離しないと増えるばかりだ。そうなると、会社の機動力が落ちることにもなる。

ルールにも断捨離なんて言葉が当てはまるのか。そのためにも、対策導入状況のチェックと改善が必要ってことか。

でも、待って。現実にはチェックって難しくない？ 事故がしょっちゅう起きているなら事故件数が減ったかどうかで、その対策が役立っているかの判断はできるけど、事故が起きていないリスクにとった対策が役立っているかどうかなんて、どうやって判断するの？

具体例で考えてみよう。たとえば僕らは「電化製品のため出火して死傷事故が起きる」というリスクに対して、「製造委託先の選定基準を厳格に行う」という対策を入れた。けれど、それが役立っているかどうかをどうやってチェックするのか？ …ええと、確かに、分からない。

はは、壁にぶつかったようだね。実際に難しいことだと思うよ。でも、方法がないわけじゃない。次のように考えるといい。

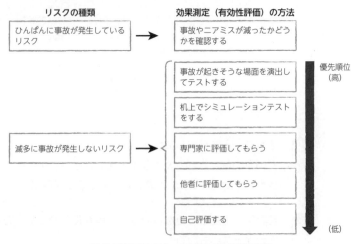
リスクの種類に応じた、さまざまな効果測定方法

なるほど。事故が起きてないものには、事故を演出してみるわけか。でも…事故を演出って何!?

先の授業で、ホームセキュリティ対策として、家のドアを二重カギにしたり、監視カメラを設置したりといった話があったよね。この場合の「事故が起きそうな場面を演出してテスト」とは、実際に犯人役を作って侵入テストをしてもらう、という意味だ。

あぁ、そういうことか!

あとは、そういったテストを実際にできるかどうかを加味して、効果測定の方法を変えていけばいい。

なるほどですねー。では、早速、さっきの景品リスクについて考えてみましょうか。

リスク対策と効果測定方法の例

解決策	効果測定(有効性評価)
最初に、松竹梅のシミュレーションを行い、どれくらいだと採算がとれるかを算出し、予算を決める	関係者にアンケートを取る
売上進捗の週次ミーティングを行い、採算割れを起こしそうかどうかを確認する	
予防策と同様。最悪、どこまでのマイナスなら受け入れられるかを予算策定時に決めておく	
製造をお願いする委託先の選定基準を厳格に行う	委託先が、本当にこちらが考えていたとおりの品質管理をしているかどうかを立入検査する
死傷事故とまでいかなくても、誤作動した事例件数を追いかける。SNSでのネガティブコメントをモニタリングする	実際に、被害ユーザーを装ったクレームの電話を入れさせて、その件の報告が上司に上がってくるかを検証する
保険をかける	実際に被害が発生した場合のシナリオを作り、損害額を算定して保険でまかなえる額かどうかを検証してみる
プロモーションにも一定の予算を作る	マーケティングの専門家に評価をしてもらう

対策をすればそれで終わり、じゃない!? モニタリング・改善

難しかったけれど、考えれば出るものね。これまでいろいろなことを学んできたけれど、実はこのパートが一番大事そうな感じね。「対策を考えたらそれで問題が解けた！」って勘違いしていたわ。

ところで、効果測定の方法を決めたとして、それを行うのは通常誰なのかな？

ルールを導入する、あるいは、そのルールを守る当事者が自己チェックで行うか、もしくは、内部監査部門がその役割を担うかな。

内部監査部門？　同じ組織内部の人でありながらも、独立公平性を保ちながら指摘できる人たちのことですね。

おまえ、よく知ってんなぁ。

そうだ。だから、さっき「製造をお願いする委託先の選定基準を厳格に行う」という対策を挙げてくれていたが、仮に君たちがその対策を実行する張本人なら、君たち以外の独立公平な立場の人がその監査を行えば、それはある意味、内部監査と呼べる。

ごもっともですね。自分で自分をチェックすると判断が甘くなってしまいますしね。

性格にもよるけどな。まぁ、僕は常に信用ゼロだから、他人にチェックしてもらうべきだろうけど。

全然、自慢することじゃないですけど…。

ははは。冗談はさておき、リスクマネジメントは一過性の活動ではなく、継続的に運用していくものだ。だからこそ、PDCAという考え方が重要になるんだ。分かってくれたかな。

3時間目のまとめ

質と量が大きく違う、リスク洗い出し

- ☐ 「何の目的に対するリスクか」を導き出すには、組織の環境分析をすることが有効である

- ☐ リスク洗い出しの網羅性を担保するためには、下記の3点をおさえることが重要である

  1. 目的達成に必要なモノをしっかりと洗い出すこと
  2. 世の中で広く知られた分析手法の活用を検討すること
  3. 適切な人材を巻き込むこと

ブレにブレるモノサシ問題!? リスク分析

- ☐ リスク分析は、結果が人によってブレすぎないように、発生可能性や影響度を算定するための判断基準を設けておくことが必要

- ☐ ただし、どこまでいっても完璧はあり得ないため、精緻な判断基準を設けようとしてはならない

どこまで絞り込むのが正解!? リスク評価

- ☐ 企業のリスク評価では、絞り込み方で迷いが生じる

- ☐ よって、どれだけ絞り込むのか、どうやって優先順位を付けるのかについて、あらかじめ基準(リスク基準)を設けておくことが大事

フレームワークを使いこなす!? リスク対応

- ☐ 企業のリスク対応では、「対策洗い出しの工夫をすること」「適切な人材を巻き込むこと」「リスクの大きさがどこまで減ったかを確認すること」が重要である

- ☐ 「対策洗い出しの工夫」は、下記の3つのフレームワークが参考になる

  1. 「リスク受容」「リスク軽減」「リスク共有」「リスク回避」
  2. 「物理的対策」「技術的対策」「運用的対策」
  3. 「予防的対策」「発見的対策」「対処的対策」

- ☐ 「リスクの大きさがどこまで減ったかを確認すること」は、対策後のリスクの大きさを再算定することを通じて、リスク基準を下回ることができたか(ポジティブリスクの場合は、リスク基準を上回ることができたか)などで判断することができる

対策をすればそれで終わり、じゃない!? モニタリング・改善　73

対策をすればそれで終わり、じゃない!? モニタリング・改善

□ リスク対応後には、「対策が役に立っているかどうか」などの「チェック・改善」の活動が必要不可欠である

□ 「対策が役に立っているかどうか」は、実際に対策が使われる場面を演出することである

□ チェックを行う典型的な組織には、内部監査というものがある

4 時間目

リスク洗い出しの最強ツール

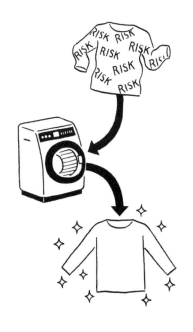

組織のリスクマネジメントでは、個人や家庭のリスクマネジメントと違い、いろいろな要素を考慮しなければいけないことが分かりました。このとき、特に問題となったのが、リスクの洗い出しです。4時間目の授業では、このリスクの洗い出しについて、組織では具体的にどうやってリスクを洗い出しているのか、詳しく解説していきます。

リスクの種類は、いくつある⁉

リスクの洗い出しを助ける広く知られた有益な手法があると述べたので、その話をしたいんだが、それらは、**リスクの種類によって使い分けられる**ことも多い。だから、まずリスクの種類について勉強しておこう。

リスクの種類って、風評リスクとか、システムリスクとか？

そうだ。ただし、あらかじめ忠告しておくが、「これこそが完璧な分類法だ！」というものはない。整理分類する際によく使われる言葉で、MECE（ミッシー）[*1]って聞いたことがあるだろう？

ネッシー？

ミッシーよ。「漏れなく、重複なく」という意味。整理分類するときに、既婚者・未婚者、30歳未満・30歳以上…という軸で分類すると、必ず漏れなく重複なく分類できるでしょう。そういった分類のことよ。

おー、なるほど。また1つ賢くなった。

[*1] Mutually Exclusive and Collectively Exhaustive の略称であり、漏れなく、ダブりなくの意を表す。

そう、リスクはそのMECEのような、きれいな分類をすることが難しいんだ。だが、多少なりと世の中で使われている分類を知っておくと、便利だろう。「森から木へ」と整理すると分かりやすい。

大分類、中分類、小分類みたいに、段階的に出していくということですね。

そうだ。大分類としては、呼び方はいろいろあるが、それぞれ次のような感じかな。

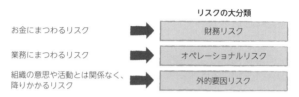

リスクの大分類

財務リスクとは、具体的にどんなものですか？

典型例は、為替リスクだ。ほら、「今日は1ドル何円です」というニュースを、よく耳にしたことがあるだろう？

あるある。為替レートってよく変動するよね。じゃあ、為替リスクっていうのは、その変動によって、持っているお金の価値が目減りしてしまう、もしくは、増えるってこと？

オペレーショナルリスクには、どんなものが当てはまりますか？

オペレーション、つまり業務をすることで生じるリスクだ。たとえば、作業中にミスをして怪我をするリスク、大事なメールを違う宛先に送信してしまうリスク、システム障害で業務ができなくなるリスクなど、たくさんある。

外的要因リスクは？

ポジティブな側面では、いわば、棚ぼたリスクだね。たとえば、自分の会社が赤字で困っていた場合、オフィスのオーナーから「建て替えるので出ていってくれませんか？ お金を支払いますので」って言われて、黒字になったことがある。まさに、外的要因リスクだ。

ネガティブな側面では？

ネガティブな側面で典型的なのは、自然災害や人為災害。たとえば、テロ、紛争、サイバー攻撃とか。あるいは環境変化も、これに当てはまる。タイの政変とかも、政治環境変化という意味では外的要因リスクだね。

それは、カントリーリスクとは言わないんですか？

お、よく知っているね。さっき言ったように、いろいろな分類の仕方があるからね。そう表現することもあるとしか答えられないな。これまでの話を総括する形で分類例を示すと、次のような感じになるかな。

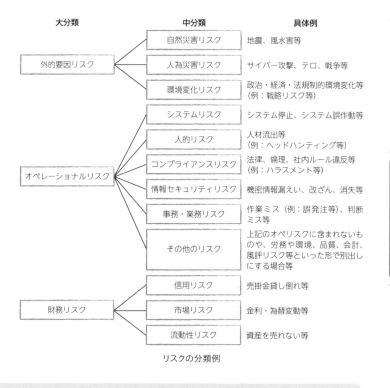

リスクの分類例

 ## 特定の業界におけるリスク分類例

　金融業界には、金融検査マニュアルと呼ばれる、金融機関が満たすべき要件が明記されたマニュアルが存在します。その中には、リスク分類についても触れられており、金融機関に対してあるべきリスク分類の一例を示しています。

- 事務リスク
- システムリスク
- その他オペレーショナルリスク：法務リスク、人的リスク、
  　　　　　　　　　　　　　　　　有形固定資産リスク、風評リスクなど

　ただし上記のように例示する一方で、合理性があれば独自の分類、たとえば、情報セキュリティリスクや業務委託リスク等の追加等でよい旨も明記されています。

先生は、きれいな分類方法がないっておっしゃいましたが、こうやって分類例を教えていただくと、全体像が見えて少しホッとします。

そうかもね。リスクの種類を明らかにするということは、全体像をつかみやすくすると同時に、自分がこれから洗い出すべきリスクの範囲をイメージしやすくなる。

リスクの範囲をイメージしやすくなるっていうことは、リスクを洗い出す側にしてみれば、何となく終わりが見えるから、洗い出しもしやすくなるということかしら。

あとは、リスク管理の責任・役割分担を割り当てやすくなるんじゃないか？ 「経理部は、財務リスク担当ね」みたいな。

加えて、コミュニケーションもとりやすくなるし、報告もしやすくなる。たとえば社長に対して、「風評リスクの管理には課題はありません」みたいにね。

リスク分類がもたらす効能

- リスクの範囲をイメージしやすくなる
- リスクの洗い出しがしやすくなる
- リスク管理の責任・役割分担がしやすくなる
- コミュニケーションがとりやすくなり、報告をしやすくなる

結構、意味があるんだな。リスク分類って。

そのとおりさ。逆に言えば、組織はその意図に合わせて、分類方法を変えたり、決めたりすることが望ましいわけだ。

奥が深いです。

リスクを洗い出す魔法の杖!?

いきなりだが、ここで質問だ。2人が今、マラソンをしているとする。残りは1kmだ。そこで私が「頑張れ！」と言ったとする。どうする？

出た！　いつもの唐突な質問。「頑張れ！」って言われてもなぁ。僕はひねくれ者だし、精いっぱい走っているはずだから、頑張らない。

私は、応援されたと思って頑張ってみるわ。

どう頑張る？

どう頑張る？って。気力を振り絞るっていうか、最後まで諦めずに走ります。他に、頑張りようがありますでしょうか？

ありがとう。ここで言いたかったのは、「頑張れ」っていう言葉がいかに抽象的な指示か、そして、その指示を受けた人の対応も、いかに抽象的になるかということなんだ。

それはそのとおりです。どう頑張るかっていうのは難しいです。

たとえば、「常に、残りをあと1周だと思って走れ」とか「顎を引け」とか、具体的に「頑張り方」を言ってくれたほうが分かりやすいだろう？ そして、同じことがリスクの洗い出しにも言えるんだ。

「リスクを洗い出せ」っていうのは、「頑張れ」って言うのと同じくらい抽象的な指示だと。どう洗い出せばいいのか、分かりにくい。そういうことですか？

正解。どう洗い出せばいいのか、問いかけ方をもっと具体的なものに変えてあげる必要がある。

でも、だからこそリスク洗い出しの際には、「目的は何だ？ 目的達成に必要なモノは何だ？ を考えなさい」とおっしゃっていたわけですよね。

ここでは、そのプラスαを教えようというわけだ。「顎を引け」のような、具体的な指示出しをどうやってすればいいのか、それを学んでもらう。

なるほどー。それはぜひ学びたい。

さて、はじめにざっくりとどんな洗い出し手法があるか代表的な4つをまとめて紹介しておく。それぞれ具体的に解説していくから、そのつもりでいてくれよ。

リスクを洗い出す代表的な手法例一覧

リスク洗い出しのために、先に洗い出すもの	概要	適したリスクの種類
業務	業務一覧や業務フローを書き出す	品質リスク、その他の業務リスクなど
資源	企業が保有しているものを書き出す	情報セキュリティ、環境、事業継続リスクなど
ベースライン	「世の中の正解」を書き出す	コンプライアンスリスク、システムリスク、風評リスクなど
環境変化	変わったこと・変わることを書き出す	戦略リスク、システムリスクなど

リスクアセスメント技法を紹介した解説本 ISO31010

　リスクアセスメントにはさまざまな用法が存在します。本書ではその中でも代表的なものを解説していきますが、もっと数多くの用法を詳しく知りたいという方向けに、ISOが発行したISO31010という国際規格があります。

　ISO31010は、正式名称IEC/ISO31010（リスクマネジメント－リスクアセスメント技法）です。リスクアセスメント技法に関して、選択肢と、より技術的な視点から実施方法を解説したものです。おおよそ100ページの分量からなる本規格は、8つの章立て（全6箇条および2つの付属書）から構成されています。中には、20を超えるリスクアセスメント技法が紹介されています。下記にその一部を紹介しておきます。

- ブレインストーミング手法
- 構造化または半構造化インタビュー
- デルファイ法
- チェックリスト
- 予備的ハザード分析（PHA）
- HAZOPスタディーズ
- ハザード分析および必須管理点
- 環境リスクアセスメント（毒性アセスメント）
- 構造化"What-if"技法
- シナリオ分析
- 事業影響度分析（BIA）
- 根本原因分析（RCA）
- 故障モード・影響解析（FMEA）
- 故障モード・影響および致命度解析（FMECA）
- 故障の木解析（FTA）　など

【出典】IEC/ISO 31010:2009（英和対訳版）を、著者修正

　本書を読んで、さらに深く理解したいと思った方は、当該のISO31010なども参考にされることをおすすめします。

業務こそがすべての起点…品質リスク、財務諸表虚偽記載リスク、その他の業務リスク

いきなりだが、たとえばバンジージャンプの品質リスクを考えてみようか。

バ、バンジージャンプ？

バンジージャンプの品質リスクって、ほぼ安全を脅かすことじゃない？　ケガとか、死亡事故とか？

僕はやったことあるけれど、まぁー、そのとおりだね。

バンジージャンプの品質を担保するために、大切なモノって何だい？

使う道具の品質？　ロープとか体に身に付けるものとか。

いや、確かにそうではあるんだけれども、1にも2にもチェックだよ。どんなに新しい道具だって、壊れていたり欠陥があるかもしれない。だから、ジャンプする前には必ず点検するし、飛び降りる前だって、何段階ものチェック事項がある。

 ということは、バンジージャンプの品質リスクを考える場合には、業務というか、**業務の流れを洗い出す**のがよいということでしょうか？

 そのとおりだ。業務フローを洗い出して、どこで作業ミスなどのリスクが発生するのかを把握するんだ。

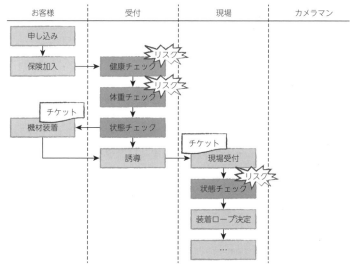

バンジージャンプの業務フロー図例

業務こそがすべての起点…品質リスク、財務諸表虚偽記載リスク、その他の業務リスク　85

これは分かりやすいな、確かに。

この方法で気を付けたほうがよいことって何でしょうか?

1つには、業務のことをよく知っている人でなければできないから、現場の忙しい人の協力を得る必要があるということだ。また、あまり細かく書きすぎると、後々のメンテナンスが大変になる。

細かく分析するというのも、良し悪しですね。

この業務を軸にリスクを洗い出すって方法は、他にどんな種類のリスクに向いているんですか?

人の手が介在しやすいもの、手順が重要なものとかかな。具体的には、品質リスク、事務リスク、財務諸表虚偽記載リスクとか。

品質リスクは分かりますが、事務リスクと財務諸表の虚偽記載リスクって何ですか?

事務リスクは、文字どおり、事務作業をする際に発生するリスクだ。

要は、作業ミスによって生じる影響ってことだな。

財務諸表虚偽記載リスクは、上場企業なんかでは、投資家向けに財務データを開示することが求められているけれど、その内容の不正や誤記により、もたらされる影響のことだよ。虚偽記載には罰則もあるし、企業の信用も下がるしね。

そういった**業務に関連するリスクを洗い出す場合には、業務を洗い出すのが必要不可欠**なんですね。

そういうことだ。分かったかな。

財務諸表虚偽記載リスク

財務諸表虚偽記載リスクとは、上場企業が投資家向けに開示することが求められている損益計算書や貸借対照表などの財務情報に、事実とは異なる内容が記載されてしまうリスクのことを指します。日本では、金融商品取引法（いわゆるJ-SOX法）により、このリスクへの対応義務が上場企業に課されています。

財務諸表虚偽記載リスクにおいて、特に業務に直結するリスク（業務処理統制といいます）を特定するためには、財務諸表を作成するための会計情報の入力や計算など、会計に関わる業務の洗い出しを行うことが必要です。具体的には、3点セットと呼ばれる業務の流れを表した「業務フロー図」、業務内容を記載した「業務記述書」、リスクおよびコントロールを記載した「リスクコントロールマトリックス」を用意することが一般的です。

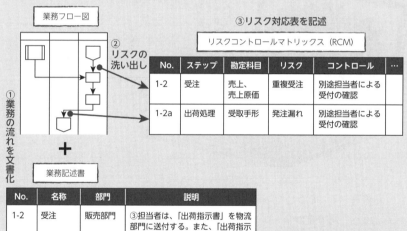

JSOXにおける3点セットのイメージ

このような分析を経て、社内で必要なコントロールに基づき、正式な社内規程を整備し、これに基づいて実際の運用がなされているかどうか、有効に機能しているかどうかを確認管理することになります。

資源からリスクを洗い出せ
…情報セキュリティリスク、環境リスク

ここでもまず、具体例で考えよう。今回は少し真面目に、情報セキュリティリスクの例で考えてみよう。

情報セキュリティリスクって何ですか？

情報セキュリティリスクとは、組織の重要な情報を、漏えい・改ざん・消失させるようなリスクのことだ。具体的には、ハッキングとか、コンピュータウイルスに感染してデータが壊れるとか。

で、そうした情報セキュリティリスクを洗い出すのに適当な方法は、何ですか？

こういうときには、企業が一番何を守りたいかを考えればいい。

決まっています。それは重要な情報を一番守りたいんですよね。

そのとおりだ。つまり、情報セキュリティリスクを洗い出すためには、まず、その「重要な情報」を洗い出すのが先決だ。なお、企業にとっての重要な情報のことを、専門用語で**情報資産**と呼ぶよ。

情報資産の洗い出し方

　情報セキュリティリスクでは、資源、すなわち情報資産を軸にリスクを洗い出すことが有効ですが、一方で情報資産それ自体をどのように漏れなく洗い出すかという課題もあります。

　情報資産の洗い出し方にも方法がいくつかあります。もっとも一般的なアプローチは、各部門の業務を洗い出すことです。そして、その業務ごとのインプット情報、アウトプット情報を明らかにしていくことを通じて、情報資産を洗い出していくわけです。

 情報資産の洗い出し？

 そうだ。それがいい理由は2つある。1つは、**情報資産が特定されれば情報資産の価値が分かり、情報資産の価値が分かれば影響度が特定できる**からだ。

 リスク洗い出し後のリスク分析がやりやすくなるというわけね。

 もう1つは、情報資産が特定されれば情報資産の保管場所が分かり、その保管場所が分かればリスクを特定しやすくなるからだ。

資源からリスクを洗い出せ…情報セキュリティリスク、環境リスク　89

> **組織にどんな情報資産があるかが分かると…**
>
> 情報資産　　　　＝①価値（影響度）を特定できる
> USB、CD-ROM他＝②所在（記録・記憶・保管・保存場所）を特定できる
> リスク　　　　　＝③リスク（原因）を特定できる
> 　　　　　　　　＝④発生可能性を特定できる

つまり、**情報資産**を特定すると、芋づる式にリスクアセスメントに必要な情報が特定できるようになるというわけですね。

そういうこと。図示すると、次のようなリスク洗い出しの流れになる。

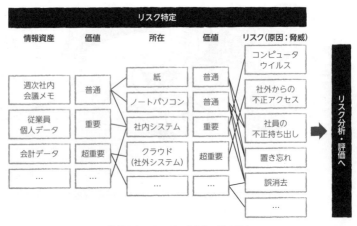

情報セキュリティリスクを洗い出す流れ

情報セキュリティリスクにおける脅威(リスクの原因)の洗い出し方

情報資産からリスクを洗い出すことが、情報セキュリティリスクを洗い出すためのもっとも典型的なアプローチですが、情報や情報の所在を特定したあとに、ハッキングやコンピュータウイルスといったリスクの原因にあたるもの(一般的には、脅威と呼びます)を洗い出す必要があります。

そして、この脅威についても、洗い出しを円滑にする方法があります。それは脅威の分類を押さえることです。具体的には次のように分類して、脅威を考えていくと洗い出しやすくなります。

脅威を洗い出す観点

脅威の分類		例示
人為的	意図的脅威	攻撃(不正侵入、ウイルス、改ざん、盗聴、なりすまし、など)
	偶発的脅威	人為的ミス(ヒューマン・エラー)、障害
環境的脅威		災害(地震、洪水、台風、落雷、火事、など)

【出典】「ISMSユーザーズガイド:脅威の例示とその分類例」を基に筆者が作成

確かに、この洗い出しアプローチが効果的・効率的に見えますね。この方法に何かデメリットはないんでしょうか?

油断すると、リスクの数が膨大になり、このあとの分析作業負荷も膨れ上がる可能性があるという点だろう。負荷を掛けたからといって成果が大きく変わるとは限らないので、ある程度ざっくりとまとめてやるなど、バランスよくやることが大事だろう。

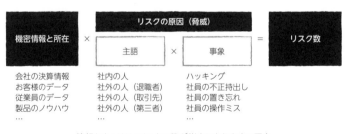

情報セキュリティリスクの数が膨大になりやすい理由

気を付けます。

情報セキュリティリスクのような、「**資産を軸にしたリスク洗い出しアプローチ**」は、他にどんなリスクに有効なんでしょうか?

典型的なものとしては環境リスクがあるかな。自然環境や人間の健康に、悪影響をもたらすリスクのことだね。大気汚染とか、水質汚濁とか。この場合、どんな資源を洗い出せばいいと思う?

環境に影響を与える資源ってことですよね? 自然環境に害悪な有害物質を含んだモノ…たとえば、産業廃棄物とかでしょうか。

だよな。たとえば、工場とかだったら、機械油とか煙を大気中に放出する焼却炉とか…。

なかなか鋭いね。CO2を排出するようなものもそうだよね。つまり電気を大量消費するもの、エアコンとか、製造設備とかもね。そういったものを洗い出すと、それが環境にもたらす悪影響を洗い出せるだろう? ほら、こんな風にね。

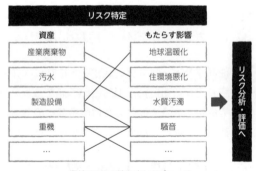

環境リスクの洗い出しアプローチ

まさに、資源が起点になったリスク洗い出しですね。

というわけで、「資源軸での洗い出しアプローチ」の2つの例を紹介した。厳密には、資源のみならず資源を活用する業務とも密接に関係してくるがね。でも、最終的には「資源」を出すことでリスクを洗い出しやすくなるというわけさ。

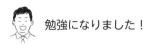 勉強になりました！

上級者向けの特別講義　情報セキュリティリスクと環境リスクにおける、リスク特定と分析の具体例

　情報セキュリティにおいてリスクアセスメントを行う際には、情報資産の特定から始めるのが一般的です。このときに情報資産とその資産価値や保管・保存・記憶・記録場所の一覧表を作ります。それを特に情報資産台帳と呼びます。情報資産台帳は次のようなイメージです。

情報資産台帳のイメージ

情報資産	種別	関連業務	資産価値[*2] C	I	A	所在
顧客データ	個人データ	カスタマーサポート	大	大	中	コールセンターシステム
…	…	…	…	…	…	…

　このようにして作成された情報資産台帳を基に、リスクを特定します。たとえば、「お客様の個人データが、社員の不正持出しによって漏えいするリスク」といったようにです。このあと、こうして特定されたリスクそれぞれに対して、リスクの大きさの算定、すなわちリスク分析を行います。この際に使われるリスクアセスメントシートのイメージは、次のとおりです。

リスクアセスメントシートのイメージ

リスク 情報資産	脅威	影響を受ける価値	発生可能性	影響度	大きさ	…
コールセンターシステム上のデータ	社員の不正持出しによって漏えいするリスク	C	1	4	4	…
…	…	…	…	…	…	…

　環境リスクにおいてリスクアセスメントを行う際には、環境に影響を与える資源（専門用語で、環境側面と呼びます）の特定から始めるのが一般的です。

[*2] 資産価値に示されるCIAは、それぞれConfidentiality（機密性；漏えいしないことの重要性）、Integrity（完全性；情報が正確であることの重要性）、Availability（可用性；利用できることの重要性）の略。

資源からリスクを洗い出せ…情報セキュリティリスク、環境リスク

環境側面を特定したあと、それが環境にもたらす影響（専門用語で環境影響と呼びます）を特定します。その上で、発生可能性と影響度を加味しながら、環境影響評価、すなわちリスク分析を行います。

環境影響評価シートのイメージ

	評価項目					通常時			異常時／緊急時				総合評価
	大気汚染	地球温暖化	水質汚濁	土壌汚染	騒音	…	発生可能性	影響度	大きさ	発生可能性	影響度	大きさ	…	
汚水			●	●										10
産業廃棄物				●										8
…														…

事業継続リスク

事業継続リスクを洗い出す場合は、少し応用が必要になります。

なお、事業継続リスクとは、文字どおり、事業の継続に影響を与えるリスクのことであり、たとえば、自然災害やサイバー攻撃など外的要因によってもたらされることが比較的多いリスクです。

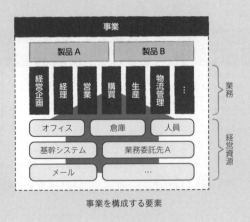

事業を構成する要素

さて、この事業継続リスクを洗い出すには応用が必要といいましたが、この場合、「業務軸」と「資源軸」の両方を考慮したアプローチが必要になります。なぜなら、事業を継続させるためには、事業を支える優先業務が何かを特定することが必要であり、また、優先業務を継続させるためには、どんな経営資源が必要かを特定することが必要だからです。

このときの優先業務やそれを支える経営資源を特定するために行う分析のことを、事業影響度分析（Business Impact Analysis: BIA）と呼びます。

BIAの実施イメージ

業務	各業務中断が事業にもたらす影響			最大許容停止時間	優先業務かどうか	目標復旧時間(RTO)	重要業務を支える経営資源
	1日	1週間	1か月				
受注	小	小	中	1か月	NO	−	−
仕入れ	小	大	大	1週間	YES	3日	サプライヤA社、基幹システム…
…	…	…	…	…	…	…	…

このようにして特定された経営資源に対して、リスクの洗い出しを行うことになります。

事業継続リスクにおけるリスクアセスメント例

経営資源	リスク	…
サプライヤA社	倒産	…
	災害等による事業中断	…
基幹システム	システムが長期間停止	…
…	…	…

世の中に答えをもらおう
…システムリスク、コンプライアンスリスク

なんか疲れちゃうよなー。

どうして？

だって、業務とか資産とか、結局、洗い出すものがいっぱいあるんだもん。あーあ、家庭のリスクマネジメントを習っていた頃が懐かしい。

そうねー。これだけ情報社会なのだから、「あなたの企業には、これとこの対策を導入しておきなさい。それで、リスクはなくなるから」みたいな正解が、ネット上に転がっていればいいのに。

正解が欲しくなっちゃう気持ちは分かるよ。そういう「**正解ありきのアプローチ**」[*3]も実際にあるし。

えっ!? あるの!? それを早く言ってくださいよ。意地悪だなー。

いやいや。どんなリスクにも正解があるわけじゃないし、正解に慣れると自分で考える力が失われるからね。

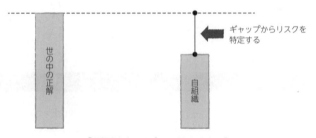

「正解ありきのアプローチ」のイメージ

「**正解ありきのアプローチ**」だと、リスクの洗い出しは不要になるんでしょうか。正解が分かっているなら、リスクがどうのという話をせず、正解をそのまま会社に導入すればいいだけじゃないでしょうか？

確かに理論的には可能だ。けれど、作業負荷の観点からはどうかな。いくら正解だからといって、盲目的に「正解」とされる対策を導入すると、かえって「やり過ぎ」にならないかな？

[*3] 特定のラインを基にしたアプローチゆえ、ベースラインアプローチとも呼ばれることもある。その他にも、トップダウンアプローチ、コントロールベースアプローチなどと呼ばれることもある。

それは…確かにそうかも。

身近な例で考えよう。たとえば、はるき君の車の運転リスクを考えてみないか。それをこの「正解ありきのアプローチ」で検討してみようか？

また唐突な…。ここで言う「車の運転の正解」って、道路交通法のこと？　たとえば、「右折・左折する場合には、30m手前からウィンカーを出さなきゃいけない」とか、「一時停止線で、必ずいったん停止しなければいけない」とか？

そうだ。なぁに、難しい話ではないよ。さて、そういった「正解」を使った場合、どういうリスク洗い出しになる？

とにかく正解を横目に見ながら、現状はギャップがあるかどうか、ギャップがあるならどんなリスクがあるのかといった流れで、出していけばいいんじゃないでしょうか？

では、はるき君の話を参考にしながら、車の運転リスクの洗い出しをやってごらん。

車の運転ルールにおけるベースラインリスクアセスメント例

車の運転ルール	守っている・守っていない（はるき）	リスク	リスク分析
一時停止線でいったん停止	守っていない	左右から来る車や歩行者に激突する	…
右折・左折の30m手前からウィンカーを出す	守っていない	後続車が突然の減速に対応できず、自分の車に激突する	…
徐行エリアでは、ブレーキを踏めばすぐに止まる速度に落として走る	守っていない	ボールを取ろうと突然飛び出してくる子どもをひいてしまう	…
…	…	…	…

うぅ。僕をサンプルに使うなんてひどい。そんなの、教習所で習ったとおりに運転をしている人のほうが少ないだろう!? ウィンカーを30m手前から出している人なんて見たことないぞ！

まぁまぁ。それがこの授業の論点じゃないから。リスクの洗い出し方を体験することがポイントだから。

分かっているよっ！ って、冗談はさておき、この「正解ありきのアプローチ」は、割りと新鮮で理解しやすいかも。

ほう、それはなぜだい？

「ルールを守っていなかったとき、どんなリスクが生じるか」という問いは、普段考えもしないことだったんで。**考える機会をもらって、自分が普段とっているリスクの重みを感じることができた**っていうか。

確かに、メリットは大きそうね。だったら、どんなリスクにもこの「正解ありきのアプローチ」をとるのがいいんじゃないかしら。

いやいや。「ルールを守っていないことが、どんなリスクにつながるか」の問いが難しすぎて、答えられない人もいるよ。つまり、負荷が大きすぎる場合もある。それに正解のある分野じゃないとね。

正解のある分野って、たとえばどの分野ですか？

典型的なのは、システムリスクだ。システムが停止したり、誤作動したりするリスクのことだけれど、こうした事故事例を踏まえた望ましい管理方法を示した教科書もゴマンとあるからね。

システムリスク対応の教科書

システムリスクとは、システムの停止や誤作動が起きるリスクを指します。システムは世界中で広く活用されており、事故事例や管理ノウハウの共有が進んでいるので、「システム管理はこのような形で行うことが望ましい」というガイドを示したものがたくさんあります。以下に代表的なものを挙げておきます。

システムリスクの特定に有益な基準やガイドライン

タイトル	概要
金融機関等コンピュータシステムの安全対策基準（公益財団法人金融情報システムセンター）	金融機関、保険会社、証券会社などにおけるコンピュータシステムの自主基準として策定されたガイドライン
ISO/IEC20000 - ITサービスマネジメント	IT運用管理に必要なプロセスとそれに求められる基準を示したもの
COBIT(ISACA)	ITガバナンスの成熟度を測るフレームワーク
ITIL	ITサービス管理のベストプラクティス集。ITシステムのライフサイクルマネジメントに関するガイドライン
ISO27001	情報セキュリティマネジメントシステムの基準を示したもの

他には、どの分野で、このアプローチがとれそうですか？

あとは、コンプライアンスリスクもそうだね。倫理・法律・会社のルールに違反するリスクのことだよ。

それって、ニュースでしょっちゅう、ハラハラ…言っているやつですよね。何でも「ハラ」を付ければいいと思っているんじゃないか！

こらこら、また話がずれている。具体的には、セクハラ、モラハラ、パワハラ、マタハラ、オワハラとかですよね。あとは、役員や従業員の不正、インサイダー取引とか、着服とか？

そのとおりだ。コンプライアンスリスクに求められる対策は、通常、コンプライアンス研修や、不正があってもすぐに発見できるよう、モニタリングの仕組みの導入、社員が不正を見つけたときの通報窓口の設置など、おおよそ決まっている。

へー。

あとは風評リスクなんかもそうだね。根も葉もない噂が流れたり、必要以上に大げさに噂されたりして、企業信用に傷が付くリスクのことだけど。

なにかっつーと、ニュースとかで炎上、炎上言っているやつ？ ハラハラの次は、炎上かよ。

うん。風評リスクも、対策はある程度決まってくるだろう。普段から、世の中のつぶやきをモニタリングしているかとか、炎上したときの対応手順をしっかり整備してあるかとか…。

なるほどー。システムリスク、コンプライアンスリスク、風評リスクか。何となくだけど、「正解ありきのアプローチ」が使えそうな場面が見えてきた気がする。きっと、食品リスクとかもそうですよね。

お、いいね。食品リスクは、安全衛生管理が求められるけれど、厚生労働省とか保健所などが「当然に実施すべきこと」をしっかりと提示しているしね。

意外と数多くあるものね。でも、便利なアプローチだわ。

便利だと思ってもらえてよかった。さ、休憩にしようか。

ベースラインアプローチによるリスクアセスメントの具体例

「正解ありきのアプローチ」…すなわち、**ベースラインアプローチ**は、ベースにできるものがありさえすれば、どの組織にも適用できるアプローチです。また、著名なガイドラインなどでも紹介されている有効なアセスメント手段の1つです。

たとえば、既出の情報セキュリティリスクにも、適用することが可能です。なぜなら、情報セキュリティリスクに関しても教科書にあたるものがたくさんあるからです。代表的なものに、国際規格ISO27001（情報技術－セキュリティ技術－情報セキュリティマネジメントシステム－要求事項）がありますが、こちらには組織に適用できる100を超える管理策の選択肢が記載されています。

おさらいをしておくと、情報セキュリティリスクは、情報資産を軸にリスクアセスメントを行うことが一般的です。具体的には、情報資産の特定→リスク特定→リスク分析→リスク評価→リスク対応の流れになり、リスク対応の段階ではじめて100を超える管理策の中から、必要な対策を選び導入を検討します。

情報資産を軸にした情報セキュリティリスクアセスメント（イメージ）

情報資産	リスク			発生可能性	影響度	大きさ	…	リスク対応
	脅威	影響を受ける価値						
コールセンターシステム上のデータ	社員の不正持出しによって漏えいするリスク		C	1	4	4	…	サーバーにデータをコピーできないための技術設定を行う
…	…	…	…	…	…	…	…	…

では、この情報セキュリティリスクを、「正解ありきのアプローチ」、すなわちベースラインアプローチで導き出そうとした場合、どのような流れになるのでしょうか。具体的には、先に100を超える管理策を縦軸に並べて、管理策とのギャップを探し、そこからリスクを特定することになります。それ以後の流れは、情報資産を軸にしたアプローチと同じ流れになります。

ベースラインによる情報セキュリティリスクアセスメント（イメージ）

対策	ギャップ	対策が影響を与える情報資産			リスク	リスク分析
		… システム	ノート パソコン	…		
…	…				…	…
利用者アクセス権のレビュー	あり（まったく行っていない）	●			従業員による個人データの不正持出し	…
アクセス権の削除または修正	なし		●		…	…
…	…				…	…

　ちなみに、システムリスクの管理を行うために、金融機関向けに出されている「システム監査指針（金融情報システムセンター）」でも、システムリスクアセスメントの実施方法について、ベースラインアプローチが1つの方法として紹介されています。

【出典】金融機関等のシステム監査指針第3版（金融情報システムセンター）より

「システム監査指針」によるベースラインアプローチ

　このように、ベースラインアプローチは世の中で広く使われているアプローチなのです。

変化を予測できるかどうかが分かれ道
…戦略リスク

 また、いきなり質問で申し訳ないが、世の中で変化の影響を受けやすいものって何だ？ 変化に弱いもの、安定性が大事なものは？

 変化に弱いもの、安定性が大事なもの？？ 安定性が第一って言ったら、システムとか精密機械とか？

 変わったところでいくと、プロスポーツ選手はみんな安定性が求められそうじゃないっすか？ あ、あと競争馬とかも。

 いいね。よし、ではプロスポーツ選手を例に考えてみよう。さて、はるき君がプロ野球選手だとして、アメリカの大リーグに移籍することになったとする。場所はニューヨークだ。どんな変化が予想される？

 生活環境よね。具体的には、気候、文化、言語、食事。

変化を予測できるかどうかが分かれ道…戦略リスク　103

ボールの大きさ、観客の多さ、試合数の多さ、相手選手のパワーとか。

いいね。では、そうした変化からどんなリスクが予想されるかな？

こんな感じかしら。

海外生活におけるリスク

変化	どうなる	リスク
天気	冬はすごく寒くなる	体調を崩す
食事	高カロリーなものとボリュームが多くなる	太りすぎる、痩せすぎる
文化	自己主張が求められる	自分が望む起用のされ方をしない
言語	英語になる	精神的につらくなる
ボールの大きさ	大きくなる	飛ばない
選手の体格	ひと回り大きくなる	当たり負けをして怪我をする、自分のすばしこさがいきる
試合数の多さ	多くなる	体調を崩す
移動時間の長さ	長くなる	体調を崩す
…	…	…

「**変化軸からのリスク洗い出しアプローチ**」か。なんか、結構リスクを出しやすかった。

冒頭の先生の質問を考えると、「**変化の影響を受けやすいもの、安定性が強く求められるもの**」についてリスクを考えるときに、このアプローチが有効というわけですね!?

ご名答。ビジネスの世界だと、まさにその1つが戦略リスクだ。

戦略リスクって、具体的にどんなリスクですか？

企業の経営者が、どうやって経営目的を達成するか、その方法のことだ。だから、企業の成長というか、企業が将来向かっていきたい方向へ進む際に、影響を与えるリスクのことだ。

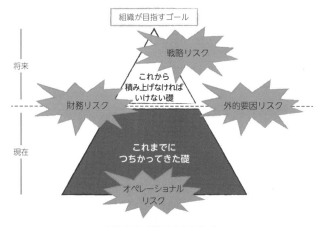

企業成長に影響を与えるリスク

 企業がこれから進もうとしている先の話だから、変化予測が大事という話につながるんですね。

 へー。でも、ただ単に変化を予測しろと言われても、そんな簡単な話じゃないですよね。そんなことができたら、誰だって成功できるじゃないですか。

 そのとおりだ。だから、環境変化を予測するにしても、ある種のフレームワークのようなものがたくさんある。その代表格が**PESTEL分析**だ。

PESTEL分析の一例

観点	変化例	リスク例
Political（政治的）	政権交代	政権交代で事業仕分けの対象になり、受託事業の予算が大幅カットされる
Economical（経済的）	不景気、好景気	消費者の財布のひもが堅くなり、嗜好品の売上が下がる
Sociological（社会的）	トレンド	高齢化社会になり、消費者ニーズと、製品とのミスマッチが起きる
Technological（技術的）	技術革新	運転の完全自動化が進み、運転手が不要になる
Environmental（環境的）	自然災害	温暖化で雨量が減り、作物が育たなくなる
Legal（法的）	法改正、新法制定	法律が変わり、個人データの共有が難しくなる

変化を予測できるかどうかが分かれ道…戦略リスク　105

おー。分かりやすい。これなら僕にもできそうだ。

変化予測を支援するフレームワーク

　変化予測を助けるフレームワークは、PESTEL分析の他にも数多く存在します。たとえば、ステークホルダーニーズ分析、SWOT分析、ファイブフォース分析、プロダクトポートフォリオマネジメント（PPM）、3Cなどがあります。

ステークホルダーニーズ分析（例）

ステークホルダー種別	ステークホルダーニーズ	
	平時のニーズ	有事（地震発生時）のニーズ
従業員	快適な労働環境、給与支払い	人命保護、給与支払い
子会社・関連会社	決裁の裁量	物資支援
顧客	品質確保と納期厳守	主力製品の在庫切れ防止
投資家	企業価値向上	積極的な地域貢献
サプライヤ	支払い、発注	支払い
メディア		被災情報提供
規制当局	法令遵守	被災情報提供
…	…	…

あとは、先生が以前の授業でおっしゃったように「適切な人材を巻き込んでこの洗い出しを実施できるか」がポイントなんですよね？

お、よーく覚えていたね。まさにそのとおりだ。

戦略リスク以外では、どういったリスクに対してこのアプローチが有効でしょうか？

あとは、やはりシステムリスクかな。「正解ありきのアプローチ」でもシステムリスクの話はしたけれども、こうした変化を軸にしたアプローチも有効だ。システムは何といっても変化・変更に弱いからね。

確か、銀行が統合するときにシステムも統合するんでしょうけれど、そのときによくトラブルが起きてニュースになりますものね。

今回の授業もよく分かりました。ありがとうございます！

さまざまなリスク洗い出し手法

リスク洗い出し手法は、授業の中で取りあげたもの以外にもたくさんあります。次の表に示すとおりです。

リスク洗い出し手法

技法種別	当該手法が適したリスク	具体的な分析手法例
ベースライン	コンプライアンスリスク	J-SOX 全社統制質問書
	システムリスク	安全対策基準ベースリスクアセスメント
	食品リスク	食品安全衛生評価リスクアセスメント
資産	情報セキュリティリスク	情報資産ベースリスクアセスメント、情報セキュリティ管理策ベースリスクアセスメント
	環境リスク	環境影響評価
業務（プロセス）	事業中断リスク、事務リスク、設備リスク	事業影響度分析（BIA）＋リスクアセスメント、FMEA（故障モード影響度解析）
	品質リスク	業務フロー＋業務記述書＋リスクコントロールマトリクス（RCM）
	財務虚偽報告リスク	
環境変化	戦略リスク、経営リスク	PESTEL分析、プロダクトポートフォリオマネジメント（PPM）分析、SWOT分析、ファイブフォース分析
統計	財務リスク	バリュー・アット・リスク(VaR)
事例・シナリオ	風評リスク、事業中断リスク、食品リスク	災害シミュレーション、ストレステスト
知見	リスク全般	ブレインストーミング、インタビュー、アンケート

ベースライン、資産、業務、環境変化については授業の中で触れているので、ここでは、残りの統計、事例・シナリオ、知見を使ったアプローチを紹介・解説しておきます。

● 統計

統計とは、過去の統計データからリスクを導き出す方法です。代表的なものにバリュー・アット・リスク（VaR）があります。日本語では、予想最大損失額と訳されます。元は、金融機関が保有している資産のリスクを評価するために考案されたものです。

今現在持っている資産を、今後も一定期間保有（保有期間）し続けたとして、株価や金利などの変動（リスクファクター）にさらされることで、どれくらい損失を被る可能性があるか（信頼水準）を、過去のデータを基に統計的に計測する手法です。なお、「過去のデータ」とは、過去の一定期間（観測期間）にさかのぼって、その間に起きた価格推移のことを指します。

たとえば今現在あなたが100万円という資産を持っていたとします。このとき「この100万円という資産を、今後5年間保有し続けたとして、株価や金利変動によって失う可能性のある最大金額はいくらか？」といった問いに対する1つの答えを導き出すものがVaRです。

その算定の根拠を、過去20年なら20年、50年なら50年の統計データに求めるのです。たとえば、「保有期間1年に対してVaRは15万円である」という結果が得られた場合、それは「今後1年間の損失は最大でも15万円以内に収まる可能性がある」という意味になります。

このとき「その信頼水準は99％である」という場合、「今後1年以内に損失を被ったとしても、それは99％の確率で15万円以内に収まる」という意味です。逆に言えば、1％の確率で15万以上の損失を被る可能性がある、という意味でもあります。

● 事例・シナリオ

事例・シナリオとは、後追い型のリスクアセスメントとも呼ばれる手法であり、自社や同業他社などで過去に起きた事故事例を活用して、リスクを特定する方法です。

たとえば、とある会社で「社員が自分のスマートフォンを利用して、顧客データをすべてコピーし、名簿業者に販売する」という事故が起きたとします。そうした事故を自社に照らし合わせて、シミュレーションをしてみたときに、同じ事故が起きる可能性はあるか、あるとしたら、現状では何が足りないのか…を検証します。

この方法の最大のメリットは、実際に起きた事故を活用することから、リスクを洗い出す人にとって想像しやすく、リスクを洗い出しやすいという点です。

デメリットは、網羅的にリスクを洗い出すことができないということ、シナリオ

準備に多少の時間がかかるという点です。より実践性が求められるサイバーセキュリティリスクや、事業継続リスク、風評リスクなどで採用されることの多い手法です。

● 知見

知見とは、リスクに関わる業務のことをよく知っている人たちにリスクを出してもらう方法のことです。なお、知見を基にリスクを洗い出すアプローチにはいくつかの種類があります。

アセスメント手法としては、ブレインストーミング手法が有名です。関係者を複数集め、1テーブルあたり最大3～6人程度の形を作り、議論をしながらリスクを洗い出していきます。

ブレインストーミング手法のメリットは、アウトプットを出しやすくすることに加え、参加者自体に重要なリスクがその場で共有・記憶されることにあります。換言すれば、リスク意識を高める効果も持つわけです。

デメリットは、ブレインストーミングの方法を工夫しなければ、偏ったリスクの洗い出しになる可能性があるという点です。

また、調査票調査という手段もあります。これは、リスクのことをよく知っているであろう関係者（部長クラスを対象にすることが多い）に調査票を投げ、調査票にリスクを書き出して提出してもらう方法です。

メリットは、調査対象が広範囲になる場合に調査時間の節約につながるという点です。

デメリットは、調査票を回収したあとのとりまとめに大きな作業負荷がかかるという点です。

さらにインタビューという手段もあります。これは、調査票調査が一斉に書面でリスクに関する情報をかき集める方法であるのに対し、インタビュー形式では、一対一の面談を通じて、リスクの洗い出しをしていく方法です。

メリットは、本音が引き出せるということと、より質の高い回答を引き出せる可能性があるということです。

デメリットは、時間がかかるという点に尽きるでしょう。

4時間目のまとめ

リスクの種類は、いくつある?

☐ リスク分類に画一的な分け方はないが、「外的要因リスク」「オペレーショナルリスク」「財務リスク」の3つに分けることが多い

☐ リスク分類をすると次のような効能がある

- ・リスクマネジメントの全体像をつかみやすくする
- ・リスクの洗い出しがしやすくなる
- ・リスクの種類ごとに担当部門を任命しやすくなる
- ・経営陣に対してなど、報告がしやすくなる

リスクを洗い出す魔法の杖!?

☐ この方法を使えばどんなリスクも出るという万能の洗い出し手法はない

☐ リスクの洗い出し手法は数多くあり、状況やリスクの種類に応じて使い分けることが大事である

業務こそがすべての起点…品質リスク、財務諸表虚偽記載リスク、その他の業務リスク

☐ 業務にまつわるリスクは、業務の洗い出しから始めるのがベストである

☐ 業務にまつわるリスクには、たとえば、事務リスク、財務諸表虚偽記載リスク、品質リスクなどがある

☐ 業務を洗い出す際には、業務のことをよく知っている人を巻き込む必要がある

☐ 業務を洗い出す際には、後々のメンテナンスの作業負荷も考慮しよう

資源からリスクを洗い出せ…情報セキュリティリスク、環境リスク

☐ 情報セキュリティリスクや環境リスクなどは、資源を明らかにすることで、原因（発生可能性）と結果（影響度）が見えてくる

☐ 情報セキュリティリスクは、情報資産→その所在→リスクの原因（脅威）の特定を通じて、リスクを特定する

☐ 環境リスクは、環境に影響を与える可能性のある資源（環境側面）→影響（環境影響）の特定を通じて、リスクを特定する

世の中に答えをもらおう…システムリスク、コンプライアンスリスク

- ☐ 「正解ありきのリスク洗い出しアプローチ」を、ベースラインアプローチと呼ぶ

- ☐ 「正解ありきのアプローチ」では、「正解」と現状のギャップを特定し、そこからどのようなリスクが存在するかを洗い出す

- ☐ 「正解ありきのアプローチ」は、広くノウハウが蓄積されている分野に適用しやすく、典型的なリスクとしては、システムリスクやコンプライアンスリスクなどがある

変化を予測できるかどうかが分かれ道…戦略リスク

- ☐ 変化の影響を受けやすいもの、変化に弱いもの、あるいは、安定性が大事なものに対しては、変化軸でリスクの洗い出しを行うとよい

- ☐ 変化軸でリスクを洗い出すことが有効なリスクの定型的なものは、戦略リスクやシステムリスクである

中級編

5時間目

同時複数のリスクマネジメント〜 ERMの謎〜

6時間目

同時複数のリスクマネジメント〜 ERMの攻略〜

5時間目

同時複数のリスクマネジメント
～ERMの謎～

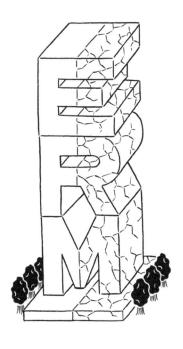

ここまでは、リスクマネジメントプロセス、すなわち、リスクの洗い出し（リスク特定）、リスクの大きさの算定（リスク分析）、リスク評価（リスク対応の優先順位付け）、リスク対応、モニタリングといった一連の活動が、個人、家庭、組織においてどう変わるのかを中心に学んできました。企業をはじめ、組織になるとこうしたリスクマネジメント活動を複数同時並行して行うことになります。そうした活動を、特に何も配慮せず実施していたときに組織が直面する課題は何なのか、どうしたらいいのかについて解説していきます。

リスクマネジメントも家と同じ!?　基礎作りが命!?

これまでリスク特定、リスク分析、リスク評価、モニタリングといった活動を学んできたね。でも、組織におけるリスクマネジメントは、それだけで解決できるほど単純なものじゃない。

単純なものじゃない？

そうだ。今までの議論は、家を建てることで例えれば、「キッチンをどうやって素敵なものにする？」とか、「ダイニングルームをどうする？」「寝室をどうする？」といった個別テーマごとの話をしてきたようなものだ。

ほうほう。

そもそも、家全体の構造やレイアウトをどうするかという話が抜け落ちている。木造にするか鉄筋にするか、キッチンはどこに配置するか、それぞれどれくらいの大きさにするのかを、いろいろと決めなければならない。

いわば「**リスクマネジメント全体の建て付け**」?

どういった種類のリスクを管理するのか、誰がどんな役割・責任を担うのかなど、本来はそういったところから考えていかなければいけない。さしずめ、次の図の「?（ハテナ）」を考えるようなものだ。

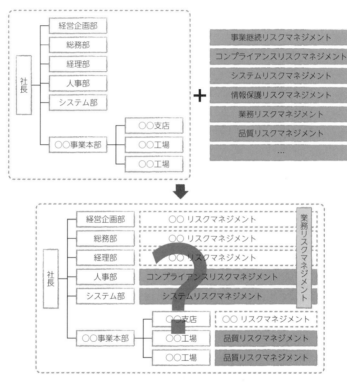

リスクマネジメントの建て付けを考えるとは

で、今から家の基礎、組織におけるリスクマネジメントの基礎作りの話をするわけですね。具体的にどうすればいいのでしょうか？

その質問を待っていたよ。そこで登場するのが、エンタープライズリスクマネジメント、略してERMだ。全社的リスクマネジメントとか、統合リスクマネジメントと呼ぶこともある。

> **Enterprise Risk Management（全社的リスクマネジメント）**
> 組織の目的達成を、もっとも効果的・効率的に実現できるようにするための枠組み。組織におけるリスクマネジメントのあり方から、その実行、見直しが、適宜行われるようにするための共通基盤。

いーあーるえむ？　うわぁー、出た。アルファベット３文字…。

あまり抽象的な話ばかりでも分かりにくいだろうから、組織にこうした基礎、つまり、ERMが存在しないとどんな問題が起きるのかを見ていくことで、ERMの全体像を理解してもらうよ。

分かりました。

緊急事態、リスクマネジメントに矛盾発生！

ここからは、家の基礎ならぬ、リスクマネジメントの基礎、つまり、**全社的リスクマネジメント（ERM）がないと、どういった問題が生じるのか**について考えてみよう。

そりゃー、基礎がなければ、家ならガタガタになるイメージだけど。

基礎（ERM）が固まらないと、家（リスクマネジメント）がガタガタになる

では、いきなりだが質問だ。たとえば、使い終わった数百ページの紙資料…。表面は印刷されているが、裏面は真っ白だ。そのまま捨てるにはもったいない。どうする？

そのまま裏面を、メモ用紙代わりに使うと思います。

では、使い終わったその数百ページの紙資料には、実は印刷面に社外に漏らしてはいけない機密情報が記載されていたことが分かった。その場合はどうする？

そりゃー、シュレッダー行きでしょ？ 関係のない人がゴミ箱を漁って、情報を盗むかもしれないし。

情報漏えいのリスクマネジメントと、環境のリスクマネジメント。もし、会社がどっちも大切！ と謳っていたとしたら、どっちを優先すべきなんだろうね。

いくら環境が大事とはいえ、会社に大きな損失を被らせてまで守るべきことではないと思うので、情報漏えいのリスクマネジメントが優先されるんじゃないでしょうか？

そうかもしれないが、そうじゃないかもしれない。**リスクマネジメントの優先順位は経営者次第**だよね。

確かに…。

このように**リスクマネジメントの活動には、矛盾が生じることがある**。

緊急事態、リスクマネジメントに矛盾発生！　119

他にも例はあるのでしょうか？

あるよ。「情報漏えいのリスク vs. 情報にアクセスできなくなるリスク」とかね。前者は、機密情報を1か所で集中管理するのが望ましいが、後者だと、情報はむしろいろいろな所に分散させて、いつでも使える状態にしていたほうが望ましいよね。

集中と分散。確かに、相反するな。こうした問題は、どうやって解決すればいいんですか？

そういう矛盾が生じたときに、話し合いをすればいいんじゃないかしら。

そうだね。そのために、**部門横断の意見調整組織**を作ることも多い。ちなみに、そういった組織を**リスクマネジメント委員会**などと呼ぶこともあるがね。

でも、矛盾が生じる都度、いちいち話し合いをするって面倒くさくない？ いちいち調整しなくても済むように、組織としての優先順位みたいなものを、あらかじめ決めておくとかはどうかな。

それはいいアイデアだ。たとえば、まずは何を差し置いても人命保護！ みたいな感じだね。実際に、次のように**リスクマネジメント基本方針**という形で明文化することもある。

リスクマネジメント基本方針

1. 人命保護
2. 法令遵守
3. 顧客の安全・安心
4. 環境への配慮
5. 継続的改善

なるほどー。こうしておくと分かりやすいわね。

さて、分かったかな。リスクマネジメントの基礎、つまり、ERMがないとどういった問題が生じるのか…ここではその問題の1つ、リスクマネジメントの矛盾・相反について勉強したというわけだ。

 よく分かりました。

リスクマネジメントならぬ、ブラックボックスマネジメント!?

 2人とも社会人2年目だったよね。どうだい、会社での経験は積めたかい？

 先輩たちからすれば、まだまだだろうけれど、ビシバシしごいていただいているので、間違いなく成長したと思います。

 私は、どうかしら。まだ全然自信ないわ。もちろん、1年前と比べたら知識も経験も段違いだとは思うけれど…。

 おもしろいね。はるき君もなつき君も、それなりに成長したという点は認めている。だが、はるき君は自信があると言っていて、なつき君はまだ自信がないと言っている。

 きっと、なつきは真面目だからだよ。しっかり仕事しているみたいだし、僕より経験値も積めているんじゃないか。ただ、謙遜しているだけで。

 どうかしら、分からないわ。

 実はね、これと同じことが、会社のリスクマネジメントで起きる可能性がある。

 ？？？ …突然、リスクマネジメントの話に切り替わりましたね。一体、何のことですか？

はは、ごめん、ごめん。今の2人の会話を、リスクマネジメントに置き換えて考えて欲しいんだ。かたや、「リスクマネジメントはそれなりにやってきているし、自信はある」と言い、かたや、「リスクマネジメントをそれなりにやってきたが、自信はまだない」と言う。そんな2つの部門があったらどうだい？ 社長がそういう報告を受けたらどう思うだろうか？

リスクマネジメント活動のブラックボックス化

「我が社のリスクマネジメントはできているのか？ できていないのか？ 一体どっちなんだ!? はっきりせい！」と怒鳴りそう。

本当はかなりやっているのに、不必要な投資をしてしまったり、やれていないのに投資をしなかったりと、リスクマネジメントのムダが発生する可能性があると、そうおっしゃりたいんでしょうか？

そのとおりだ。お互いの部門が何をどこまでやっていて、それは十分なのかどうなのか。そういったことが分からない、いわゆる**リスクマネジメント活動のブラックボックス化**が起きる可能性がある。

リスクマネジメントならぬ、ブラックボックスマネジメントか。

 そういった事態を回避するには、どうしたらいいんでしょうか？

 「**『管理ができている』**とは、どういった状態を指すのか？」をあらかじめ、会社として決めておかなければいけないだろうね。

 でも、「管理ができている」を定義するって難しくないかなぁ？

 なぜだい？

 だって、リスクマネジメントの最終ゴールを定義しろと言っているのと同じじゃないですか？　最終ゴールって何ですか？

 何だと思う？

 事故が起きない、とか？

 事故が起きないことが最終形ってどうなのかな？　たまたま起こってないだけかもしれないし。

 はるき君は、非常にいい疑問を持ってくれたと思うよ。モノゴトが達成できたかどうかを図るには2種類の方法がある。**結果評価とプロセス評価**だ。結果評価は、今なつき君が話してくれた「事故が起きてないかどうか」といった結果で行う評価だ。

 プロセス評価は？

 たとえばリスク洗い出しは行ったのか、行ったとして、きちんと巻き込むべき人を巻き込んで洗い出しをしたのか、リスク分析は？リスク評価は？　といったように、本来実施すべきことを見るのがプロセス評価だ。

 なるほど。結果評価とプロセス評価の両側面から定義すれば「管理できているかどうか」を定義できるんじゃないか…ということか。

プロセス評価と結果評価の違い

「管理ができているかどうか」の判断基準以外に、全社的に決めておいたほうがいいルールってあるんでしょうか？

1時間目の授業で習ったような「そもそもリスクって何だ」とか、「リスクマネジメントって何だ」とか、「リスクの大きい小さいって何だ」とかも、決めておいたほうがよさそうだな。

正解だ。加えて、経営層へリスクマネジメントに関する報告をするための書式も統一できたら、いいかもしれないね。

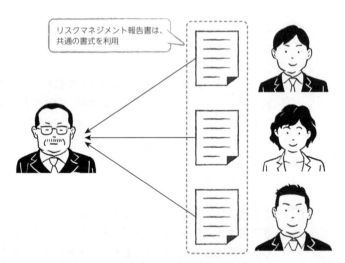

リスクマネジメントに関する報告の統一化

なるほど。こうやってリスクマネジメントの全社共通ルール、さしずめ、**リスクマネジメントの共通言語**みたいなものを作っておくといいということですね。

そういうこと。よし。ここまでにしておこう。

リスクマネジメントの共通言語

全社的リスクマネジメント（ERM）では、リスクマネジメントのコミュニケーションロスを防ぐために、会社全体でリスクマネジメントの共通言語化を図る必要があります。では、共通言語とは何でしょうか？　以下はその一例です。

● **用語の定義**
- ERM、リスク、リスクマネジメント、インシデントなど

● **実施・判断基準**
- リスクマネジメントの成果を図る指標
- リスクやインシデントの報告基準
- リスクアセスメント実施基準
  - リスクの大きさを測る指標
  - リスク基準（リスクを受容する基準）

なお、上記内容を盛り込んだ会社のルールを、リスクマネジメント規程やリスクマネジメント基準、要領といった形で文書化することが一般的です。

リスクマネジメントの抜け漏れ・二重管理はこうして起こる

 突然だが、少し自然災害リスク対応について考えてみたい。

 自然災害リスク対応って具体的に何をするんでしょうか？

 2つある。1つは人の命を守るための備えだ。そしてもう1つは、人の生活を守るための備えだ。ちなみに、こうした対応を事業継続計画（BCP）と呼ぶこともある。

> **事業継続計画（Business Continuity Plan；BCP）**
> - 人の命を守るための備え（人命保護）
> - 人の生活を守るための備え（事業継続）

1つ目の人の命を守るための備えっていうのはイメージがわきますが、人の生活を守るための備えってどういう意味ですか？

ビジネスを止めないようにするための対策のことだ。たとえば、東京本社と大阪支社があったとして、いずれかが停電で使えなくなった場合、もう一方の拠点で仕事を引き継げるようにしておく…そういった対策を日頃から考え、備えておくことだ。

そのBCPとやらが、ERMの話とどう結び付くんですか？

まぁ、待て。BCPにおける人の命を守るための備え…このリスクマネジメントは、会社では普通どの部門が担うと思う？

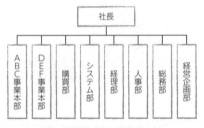

ごく一般的な会社の組織図の例

人に絡む話だから、人事部かしら？

あるいは、建物の安全性も関係してくるから、施設周りの面倒を見ることの多い総務部っていうのもありそうじゃないか？

そうだね。実際、総務部や人事部が担うことが多い。ではもう1つの、人の生活を守るための備えは、どの部門が担うべきだと思う？

ビジネスの話だから、実際にビジネスをやっている部門だと思うな。どこだ？営業部？　いやビジネス全体を考えるって意味では経営企画部？

ビジネスをするにはモノの調達も必要よ。そうしたら、購買部も関わってくるはずだわ。うーん、でも、その他の間接部門になるシステム部だって、災害時の対応は必要よね。

ん!?　ってことは、全部門？　…あぁぁ、混乱してきた…。

人命保護を見る総務部や人事部が音頭を取ったり、全社に関わる話だから経営企画部が音頭を取ったりすることが、割と多いかな。

いずれにしても、誰が主導権を握るのか…リスクによっては迷うことがあるってことね。

一番言いたかったことはまさにそれだ。**交通整理が必要になる**場合があるってことだ。もう1つ事例を挙げておこう。たとえば、システム部は開発業務を、人事部は給与計算業務を、それぞれ外部業者に委託していたとする。さて、どんなリスクがあるかな？

開発の観点では、やはり品質リスクが気になりますね。また、給与計算に関しては、そうした会社の給与情報が外注先経由で、うっかり外部に漏らされてしまうリスクが気になります。

だとしたら、どうする？

どうするって、そうしたことが起こらないよう契約でしっかりと縛ります。「何かあったら損害賠償を請求するぞ！」みたいな。あとは、きちんと管理しているかどうかをチェックします。

まさに委託先管理だね。でも、そうした契約締結やチェックを、システム部と人事部がそれぞれの部門ごとでバラバラにやっていたら、非効率だと思わないかい？

リスクマネジメントの抜け漏れ・二重管理はこうして起こる

確かに…。それぞれ委託先管理の目的は違うけれど、とる手段は、契約やチェックなど、似てくるものね。方法を統一しておいたほうが効率的かもしれないわね。

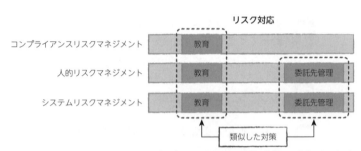

リスクマネジメントの交通整理

そうだ。先のBCPの主管部門をどこにする？ という議論と同様、**会社全体で交通整理をしたほうがいい**かもしれないよね。

そうすると、例によってリスクマネジメント委員会のような、全社横断の意見調整組織みたいなのが必要になってくるというわけか。

リスクマネジメント委員会

　リスクマネジメント委員会とは、リスクマネジメントのあり方やその実施・見直しに関する意見調整や確認、組織としての大筋の合意を図る役割を担う部門横断組織であり、経営会議など既存の会議運営の業務効率性・有効性を高めるために設置される組織です。

　本来であれば、いわゆる経営会議や理事会などがその役割を担いますが、これら会議体だけでは議題のすべてをカバーすることが難しい場合などに設置されます。

　したがって、通常は、経営会議メンバーや理事会メンバーとはやや異なります。たとえば、経営会議では、会長や社長がリーダーを務めることが一般的ですが、リスクマネジメント委員会では、COOやCRO（チーフリスクオフィサーの略）、管理本部の担当役員などがリーダーを務めることがあります。

そういうことだ。ERMのような仕組みがないと、どういった問題が生じるのか。ここではその問題の1つ、リスクマネジメントの抜け漏れや重複について勉強したというわけだが、分かってくれたかな？

 はい！

海外拠点・子会社リスクマネジメントの大きな落とし穴 !?

 "A chain is only as strong as its weakest link" という諺を聞いたことがあるかい？

 そのまま訳すと、「鎖の強さは、継ぎ目のもっとも弱い部分と同じ強さにしかならない」という意味だな。

 そう。どんなに頑丈に作ったつもりの鎖でも、1か所でも弱いところがあれば、すぐに切れてしまう。つまり**バランスが大事**だっていうことだ。実はリスクマネジメントの世界にも、当てはまる諺だ。

 一生懸命、特定の部門だけがリスクマネジメント頑張るぞ！と言ってやっても、他の部門のやる気が伴わなければ、意味がない…ということでしょうか？

部門同士の話にとどまらない。親会社と子会社、日本国内の拠点と海外拠点との関係にも当てはまる。むしろ、子会社や海外拠点は距離が遠いぶん、そのリスクも高まる。

バランスが大事っていうのはそういうことかぁ。恋愛では、「**物理的な距離が、心の距離**」とはよく言ったものだけれど、それがまんま、リスクマネジメントの世界にも当てはまる感じだなぁ。

ふむ、恋愛ね。おもしろい。では、そこにヒントを見つけてみよう。これが、遠距離恋愛だったらどうやってリスクマネジメントする？

まじ？ 子会社や海外拠点のリスクマネジメントのヒントを、恋愛に見出すの？？？

何と言っても、コミュニケーションよね。電話でしっかりと連絡を取り合うとか…。

電話だけじゃだめだぜ、きっと。たまには会いに行かないと。

確かに、そうね。そうすると、子会社や海外拠点に足をすくわれないようにするためには、「**電話をしたり足を運んだりして、密にコミュニケーションをとる**」が正解？

そうだねと言いたいところだが、恋愛なら「裏切られても仕方なかった」で済まされるかもしれないが、ビジネスだと、そうもいかない。「コミュニケーションを密にとって信頼していたのに、子会社に裏切られたんです！」って、株主に説明して納得してくれると思うかい？

そうすると、密なコミュニケーションだけじゃなく、監視が必要になるのかな。それもストーカーまがいの。

ストーカーねぇ。でも、対象拠点が1つ2つだったらいいけれど、10社・50社・100社とかだったら、監視なんてもう無理じゃない？

だから、相手によって態度を変える必要があるだろうね。具体的には「信頼を裏切られる可能性が高いかどうか」や、「信頼を裏切られたときの影響が大きいかどうか」を見極めた上で、子会社や海外拠点管理の作戦を変えるみたいな。

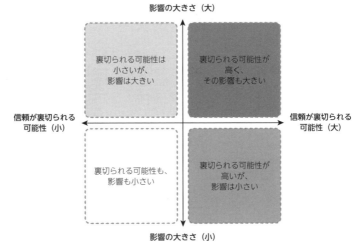

子会社や海外拠点リスクの大きさの捉え方の一例

子会社や海外拠点を1つの大きなリスクの塊と捉えて、それぞれのリスクの大きさを比較しながら、対応を変えるということですね。

そのとおりだ。たとえばもし、信頼を裏切られる可能性も低い、影響も小さいとなったらどうする？

 適度なコミュニケーションに留めておきます。

 では、逆に信頼を裏切られる可能性も高く、裏切られたときの影響も大きかったとしたらどうする？

 監視も単なる遠隔からの監視だけじゃだめだよな。定期的に現地に足を運ぶ。加えて、現地に常勤の人間を送り込むくらいはしないと。

 確かに、優秀な管理責任者を送り込むこというのも選択肢の1つだ。特に、財布を握る財務経理系のポジションの人間を送り込むのは鉄則だ。

 なぜに財務経理なんですか？

 日本政府でも財務省が力を持っているのと同じことさ。家庭でもそうだろう？ 財布のヒモを握る人が、必然的に力が強くなるんだ。

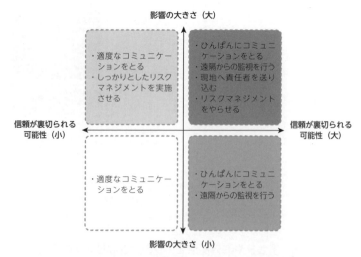

子会社や海外拠点のリスクの大きさに合わせた、対策の一例

話をまとめると、ERMのような仕組みを入れておかないと、**子会社や海外拠点のリスクマネジメント**が、疎かになる可能性が高まると…そういうことでしょうか？

そういうこと。事実、海外拠点の管理なんかはエアポケットになりやすい。本社の人事部は英語が話せないから、海外の人的リスクまでは面倒を見きれないなどといった理由でね。

うわっ、ひどっ！

まさに、「**全社のリスクマネジメントの建て付け**」をどうするか、きちんと話し合っていないからだ。だから、海外拠点や子会社のリスクマネジメント体制についても定期的に議論する場が必要になる。

よく、分かりました。

学びが共有されない、改善が進まない寂しいリスクマネジメント

最後に、**改善活動が行われにくくなる弊害**について取り上げておきたい。

改善活動が行われにくくなる弊害？　何ですか、それ？　何に対する改善活動？

リスクマネジメントのやり方や、リスク対応に対する改善活動のことだ。各部門が好き勝手にリスクマネジメントをしていると、お互いの学びが共有されず、もったいない…という意味だ。

会社で一緒に働く仲間なんだから、普通は共有されるべきじゃありませんか？　なぜ、共有されないんでしょうか？

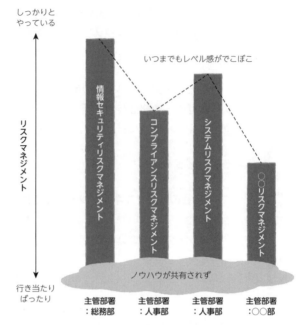

社内でリスクマネジメントのノウハウが共有されない場合

 部門の垣根を越えるって意外に難しいんだ。見えない壁ができるからね。あとは、情報共有することが自分たちの役に立つということがピンと来ないんだろうな。

 そういうもんかなぁ。

 たとえば、A部門で事故が起きたとする。でも、「それはA部門だから起きたのであって、我がB部門はそもそもやっている業務が違うから関係ない。だから、A部門の事故を知る必要はない」みたいなことはよくある。

 でも、それはそれで一理ありませんか？ やっている業務が違うのであれば、他部門で起きた事故を共有しても意味ないのでは？

 事故なんてものは、原因を深掘りしていくと大体共通項につながっていくものだ。たとえば製造部で起きた「不良品の出荷」と、経理部で起きた「顧客への二重請求」事故の2つがあったとしよう。

一見、まったく種類の異なる事故に聞こえますが。

試しにそれぞれの事故原因を深掘りしていくと、こんな感じになった。これを見ても、他部門の事故は自分たちには関係のないことだと言えるかい？

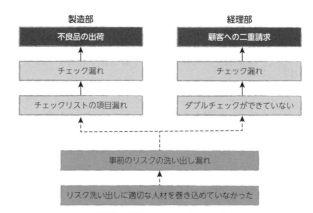

他部門の事故でも重要視すべき理由

げっ…なるほど。一見何のつながりもなさそうに見えたのに、深く深く原因を掘っていくと、奥底のほうでつながってくる。

もちろん必ずしもつながるわけじゃないけれど、ここで言いたいのは、**「他社や他部門で起きた事故だから自分たちには関係ない」と、安易に思ってはいけない**ということだ。

でも、どうやってこの課題を解決するんですか？

リスクマネジメント活動の成果を報告し合う場を設けるという手はあるだろうね。ちなみにこのあたりは、9時間目の授業で取り上げるヤフーの事例なんかが参考になるから、楽しみにしていてごらん。

「お前らは井の中の蛙だ」ってことを、組織全体を見ている人たち、えっと、リスクマネジメント部とか内部監査部だったっけ？　そういった部門の人たちに指摘してもらうとかもいいんじゃないかな。

それは、いいアイデアだ。

いずれにしても、リスクマネジメントの基礎、つまりERMがないと、こうした情報共有に関する課題も、解決されないままになってしまう可能性があるということですね。

そういうことだ。これまで、リスクマネジメントの矛盾、ブラックボックス化、抜け漏れや重複、海外拠点や子会社に足をすくわれる事態など、たくさんの課題を見てきた。どうだったかな？

単に、リスクアセスメントのテクニックを極めただけでは、解決されない課題があること、よく分かりました。

最初は、いーあーるえむ（ERM）とか、難しいアルファベットの羅列に見えましたが、こうやって課題を知るにつれ、ERMの必要性がはっきりと見えてきました。

それはよかった。5時間目はこれで終わりにしよう。お疲れさま！

リスクマネジメント規程や基準の作り方

● 全社的リスクマネジメント（ERM）に関するルール

　リスクマネジメントの基礎作り、すなわち全社的リスクマネジメント（ERM）に関するルールでは何を定めればよいのでしょうか。リスクマネジメントの国際規格であるISO31000では具体的には、次のように求めています。

4.3.2 リスクマネジメント方針の確定

リスクマネジメント方針は，リスクマネジメントに関する組織の目的及びコミットメントを明確に記述することが望ましく，通常，次の事項を取り扱う。

- リスクを運用管理することに関する組織の合理性
- 組織の目的及び方針とリスクマネジメント方針とのつながり

- リスクを運用管理するためのアカウンタビリティ及び責任
- 相反する利害への対処の方法
- リスクを運用管理するためのアカウンタビリティ及び責任をもつ人を手助けするために，必要な資源を利用可能にすることへのコミットメント
- リスクマネジメントパフォーマンスの測定及び報告の方法
- リスクマネジメントの方針及び枠組みを，定期的に，かつ，事象または周辺状況の変化に応じてレビューし，改善することへのコミットメント

リスクマネジメント方針は，適切に伝達されることが望ましい。

【出典】ISO31000:2009

規格に定められたこれらの内容について以下に詳しく解説します。

「リスクを運用管理することに関する組織の合理性」とは、リスクマネジメントの目的を指します。つまり、ERMの仕組みを運用することで、組織の解決したい課題のことを指します。

たとえば、「組織全体のリスク意識の醸成」とか、「組織における各部門のリスクマネジメント活動の可視化」といったことです。

「組織の目的及び方針とリスクマネジメント方針とのつながり」とは、組織が掲げる経営理念やビジョン、ミッションと矛盾しないものとなるよう、それらの達成にリスクマネジメントの活動がどう貢献できるのか、するのかを明確にすることを求めています。

「リスクを運用管理するためのアカウンタビリティ及び責任」とは、ERMの運用体制や役割・責任を指します。具体的には、リスクマネジメントに関して、部門の垣根を越えて討議・調整するための部門横断組織…たとえばリスクマネジメント委員会のような体制や役割がこれに該当します。

また、会社にとって部門をまたぐような重要なリスクの管理責任者（リスクオーナーと呼ぶこともあります）が誰か、あるいは主管部署はどこなのかなどといった事項もこれに該当します。

「相反する利害への対処の方法」における「相反する利害」とは、特定の部門のリスクマネジメント活動が、他部門のリスクマネジメント活動にマイナスの影響を与えるような状態を指し、そういった事態が起きた場合にどのように解決するのかをあらかじめ決めておくことを指しています。

　一般的には、先に挙げたリスクマネジメント委員会の場で調整を図ったり、あるいは、基本方針などを定めて優先順位を明確にしたりといったことで解決を図ることの多いものです。

　「リスクを運用管理するためのアカウンタビリティ及び責任をもつ人を手助けするために，必要な資源を利用可能にすることへのコミットメント」とは、組織にとって重大なリスクの管理のために、優秀なキーパーソンを割り当てたり、そのために時間や予算を確保したりすることへの確約を意味します。必要な資源には、人的リソースの他、時間、情報、規程類などの文書、資金などを指します。

　「リスクマネジメントパフォーマンスの測定及び報告の方法」とは、ERMの活動の成果を測る指標、すなわちERMのKPIと、その結果報告の方法を指します。

　ERMのKPIとは、たとえば、たとえばリスク総量の経年変化、関係者のリスク意識の変化、事故による被害金額の経年変化などがあります。その報告方法は、一般的な方法としては、半期ごとまたは年1回のリスクマネジメント委員会などで結果を共有することなどがあります。

　「リスクマネジメントの方針及び枠組みを，定期的に，かつ，事象または周辺状況の変化に応じてレビューし，改善することへのコミットメント」の「リスクマネジメントの方針及び枠組み」とは、これまでに解説してきた「リスクを運用管理することに関する組織の合理性」から「リスクマネジメントパフォーマンスの測定および報告の方法」までの内容を指します。リスクマネジメントの方針や枠組みも、環境変化に合わせて定期的な見直しを行ったり、課題に基づき改善を図ったりすることを、経営として強く宣言することを求めています。

　こうした内容を、リスクマネジメント方針や規程、基準といった形で定めておくことが望ましいでしょう。

5時間目のまとめ

リスクマネジメントも家と同じ!? 基礎作りが命!?

☐ リスクマネジメントにも、家と同じで組織の中に基礎を作る必要がある

☐ 基礎とは、どういった種類のリスクを管理するのか、それを管理するとして、誰がどんな役割・責任を担うのか、それはどんなタイミングで見直すのか、などの枠組みを指す

☐ この枠組みのことを専門用語で、全社的リスクマネジメント、略して、ERM（いーあーるえむ）という

緊急事態、リスクマネジメントに矛盾発生！

☐ 個別最適では相反するリスクマネジメントがある

☐ 相反するリスクマネジメントへの対処には、リスクマネジメント委員会のような調整組織を立ち上げる、または方針を明示することで、ある程度、関係者が判断に迷わなくていいようにすることが望ましい

リスクマネジメントならぬ、ブラックボックスマネジメント!?

☐ リスクマネジメントも組織で使用される言語が定まっている必要がある

☐ 言語とは、用語や、リスクマネジメントの成果を図る指標をはじめ、リスクの報告基準やリスクアセスメント実施時に満たすべき基準など、各種判断基準を指す

リスクマネジメントの抜け漏れ・二重管理はこうして起こる

☐ リスクマネジメントの基礎ができていないと、リスクマネジメント活動の重複や、どの部門も管理できていないリスクが生まれてしまう可能性がある

☐ それを防ぐためには、リスクマネジメント委員会などの横断組織でのコミュニケーションをとることが重要である

海外拠点・子会社リスクマネジメントの大きな落とし穴!?

☐ 本社や親会社だけが、しっかりリスクマネジメントができていても、子会社や海外拠点の失敗によってグループ全体の足をすくわれる可能性がある

☐ 抱える子会社や海外拠点の数、それぞれの組織が持つリスクの大きさに合わせて、グループ全体のリスクマネジメント体制や手法を変えることが重要である

学びが共有されない、改善が進まない寂しいリスクマネジメント　139

- [ ] グループ全体のリスクマネジメント体制や手法を適切かつタイムリーに変えるためには、リスクマネジメントの基礎がしっかりしている必要がある

学びが共有されない、改善が進まない寂しいリスクマネジメント

- [ ] リスクマネジメントの基礎がないと、リスクマネジメントに関わる活動が改善されない問題が生じる可能性がある

- [ ] なぜなら、部門ごとに従事している業務は異なるため、積極的にリスクマネジメントの情報を他部門に共有しよう、他部門から情報をもらってみようという意識が働きにくいからである

- [ ] この壁を打ち破るためには、リスクマネジメントの活動を共有する場を設ける、内部監査など第三者の目を入れて、現状の活動に過不足があることを指摘してもらうなどの方法が有効である

6時間目

同時複数のリスクマネジメント
〜ERMの攻略〜

企業をはじめ、組織になると複数のリスクマネジメントを並行して整備・運用することになります。そうした活動を、特に何も配慮せず実施していくと、活動の矛盾や、ブラックボックス化など、いろいろな課題に直面することになります。これらを全社的に解決するための仕組みが、全社的リスクマネジメント（ERM）です。ここでは、このERMの組織への導入方法について解説していきます。

全社的リスクマネジメント（ERM）の作り方

 ここでは、リスクマネジメントの基礎、すなわち、全社的リスクマネジメント（ERM）をどうやって構築するのかについて考えてみよう。

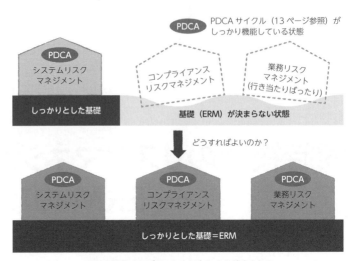

ERMを構築すればリスクマネジメントも確立される

 どんな流れになるんでしょうか？

 こういうことを考えるときは、ERMってどうやって構築するのか、というよりも、ERMで解決したい課題は何か、からスタートしたほうが分かりやすい。だからその流れで全体像を少し捉えてみよう。

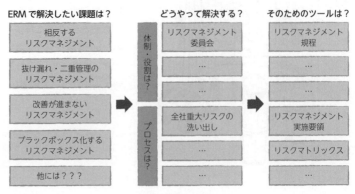

ERM構築のヒント

あ、この全体像は分かりやすいです。

こうしたことを踏まえると、組織におけるERM構築ステップはおおよそ見えてくるよね。

> **ERM構築ステップ**
> - ステップ1：組織が抱える課題は何か？
> - ステップ2：その課題をどうやって解決するか？
> - ステップ3：そのためにどんなツールが必要か？
> - ステップ4：そのツール整備は誰とどうやって推進するか？
> - ステップ5：整備プロジェクトの推進と運用の開始
> - ステップ6：モニタリングと結果の評価、改善モニタリングと結果の評価、改善モニタリングと結果の評価、改善

なるほど〜。

課題特定がERMの命運を決める⁉

まずは「**ステップ1：組織が抱える課題は何か？**」だ。

課題は何かって、もう何度も話してきたとおりですよね。リスクマネジメントの抜け漏れや二重管理、改善が進まない、ブラックボックス化する、海外拠点や子会社に足をすくわれるなど。

ある程度はね。でも、本当に、その全部が組織の課題なのか、一部が課題なのか、あるいは、まったく違うことが課題だっていう場合もあり得るだろう？

違う課題って…。先生のご経験では、たとえば、どんな「違う課題」がありましたか？

そうだな。たとえば、経営陣同士のリスクに対する認識・意識のギャップかな。

え!? 経営陣同士でも、リスクに対する意識の違いっていうのがあるんですか?

そりゃー、人間だからね。売上とか成長の話は、経営陣の間でもよく話をするが、リスクマネジメントの話はあまりしないということもあるさ。

なるほど。そういったことが課題となると、また対応の仕方が異なりそうですね。

そうさ。すでに話に何度も登場している「リスクマネジメント委員会」さえ作れば解決するという、単純な話ではないからね。会議体を作ったって、お互いが話し合う場にならなければ意味がないし。

課題の特定って、思っていた以上に大事なことなんだな。先生に何度も、「課題は何だ」って言われて…何度も課題と向き合って、ようやく腑に落ちた。

ERMはエンタープライズリスクマネジメントの略で、「リスクマネジメント」という言葉が付くから、私たちはリスクの洗い出しや分析・評価などの全社版みたいな軽いイメージを持っていたものね。

でも、きちんと課題を発見するにはどうしたらいいのかなぁ。実際のところ、いきなり「リスクマネジメントの課題を出せ」って言われても、指示が抽象的すぎて、出しにくいよなぁ。

分析したり、ヒアリングしたり、やり方はいろいろだね。典型的なのは、3時間目で触れたのと似たようなアプローチだ。

「リスクの大前提、つまり、目的を特定するには、組織のおかれた環境を分析するといい」とおっしゃっていましたが、そのことでしょうか?

そうだ。組織を取り巻く外側の環境と、組織内部の環境を整理してみて、そこから課題を導き出すという話をしたね。こういう全体整理をすると、課題が浮き彫りになりやすい。

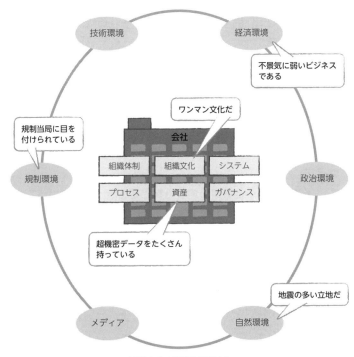

組織内外の環境を整理する

もちろん、こういう整理だけがすべてじゃない。課題なんだから、他にもいくらでも出し方があるがね。

確かに…。冷静に考えてみると、リスクマネジメントに関わる課題の出し方はいろいろと工夫できそうね。これまでに起きた**事故の件数や原因を分析してみる**っていうのもありよね。

 役員や従業員の現状の声に耳を傾けるっていう手もありそうだ。あるいは、そもそも、**みんなが会社のルールをどれだけ守っているのか**、ということも重要な情報だろうな。

 そのとおりだ。なつき君の言った、「これまでに起きた事故の件数や原因に見える傾向」なんてのは、まさにERMならではだ。意外に、全社的に事故件数をしっかりとまとめて分析している企業は多くないからね。

 課題特定の大切さと方法について、よく理解しました。

体制とプロセスの決定、そして文書化へ

 OKだ。次は、「**ステップ2：その課題をどうやって解決するか？**」だ。そうした課題を解決するにはどうしたらいいんだっけ？

 多くが、部門をまたいだ意見調整をする必要があるものだったので、**リスクマネジメント委員会**などのような組織が必要かもって、先生がおっしゃっていました。

あとは、リスクの抜け漏れ防止っていう観点では、**年1回か数年に1回のペースで、全社で拾うべきリスクがないかどうかを確認する機会を設けるのがいいかも**、とも習ったよ。

それ以外にも、**リスクマネジメントを語るための共通言語**、たとえば「リスクとは」「リスクマネジメントとは」「リスクが大きいとは」なども必要だっておっしゃっていたわ。

よく覚えていたね。ちなみに、「年1回か数年に1回のペースで、全社で拾うべきリスクがないかどうか確認する機会を設ける」の具体的な方法については、上級編で解説するから楽しみにしておいてくれ。

分かりました。

では次の「**ステップ3：そのためにどんなツールが必要か？**」だ。さっき挙げてくれた解決策を導入するためには、どういうツールが必要になりそうかな。

うーん、ツールというような、大げさな何かが必要な気はあまりしません。たとえば、リスクマネジメント委員会なんかは、やると決めたなら、単に開催すればいいだけの話ですよね。

そうだね。ただ、ルールは決めただけだと人は忘れてしまう。あるいは、新しい人が入ってきたときに、ルールの伝え漏れが起きる可能性がある。

ということは、決まったルールを文書に落としておく必要があるということでしょうか？

会社として正式な決定事項なのであれば、おそらく、そうしたほうがいいだろう。

組織における文書化

組織では、個人や家庭とは違い、ルールを作れば忘れないように文書化しておくことが求められます。これはルールを守る本人のためばかりでなく、ルールを守っているかどうかを監査する立場にある内部監査部門や監査役のためでもあります。

なお、組織において文書化ルールは違いますが、おおよそ、次のような階層が一般的です。

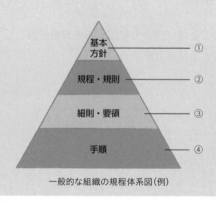

一般的な組織の規程体系図(例)

一般的な組織の規程体系の説明

名称	概要
① 基本方針	いわゆる企業版憲法というべきもの。長年にわたり変わらないもの
② 規程・規則	会社の法律というべきもの。何を守らなければならないかが記載されている。監査などは、これらを基にして行われる。会社の法律を決めるものであるため、文書の制定には取締役会承認が必要となる
③ 細則・要領	規程・規則の実施方法について、より具体的に記載したものであり、規程・規則の内容よりは変更の頻度が多いもの。したがって、役員や部長承認でOKな場合も多い
④ 手順	文字どおり、手を動かす順番を記載した文書。ひんぱんに変更が入るため、課長承認の場合も多い

ERMに関するルールも、組織が定める文書体系や文書化ルールに則って、文書化することが望まれます。

そうしたら、リスクマネジメントの共通言語の話も、基本的には、同じように会社の法律として文書化するっていうことになるんじゃないのかなぁ。

あとは、年1回の全社的なリスクの洗い出しを行うのであれば、洗い出しのためのツールや、リスクマトリックスのようなリスク分析シートなどのツール類が必要になるだろうね。実際に報告様式を統一化するのであれば、その書式の用意も必要だね。

意外に用意したほうがいいものがあるのね。でも、何か、はっきりとやるべきことが見えてきたっていう感じだわ。

ERM構築には、誰の力が必要？

次は、確か「**ステップ4：そのツール整備は誰とどうやって推進するか？**」だった。通常、ERMの構築には誰を巻き込むべきですか？

ERMをこれから構築するのであれば、組織内でプロジェクト化するのが一般的だろう。だが、プロジェクトで誰を巻き込むべきかは、最終的にできあがるERMの運用体制に依存する。

ERMの運用体制って、どんなイメージでしょうか？

一例を挙げると、こんな感じだ。

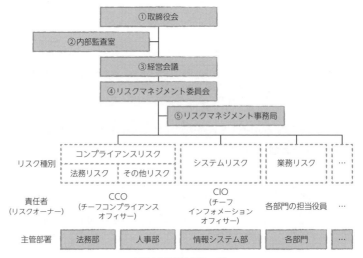

ERMの運用体制の一例

ERMの運用体制における各組織の役割

組織名	役割
①取締役会	全社的リスクマネジメントのあり方（規程等）や、リスクマネジメントに関わる重大投資の承認
②内部監査室	規定したとおりに全社的リスクマネジメントを運営しているか、リスク対応を実際に実施しているか、などの監査と結果の報告
③経営会議	部門間の情報共有、意見調整、全社的リスクマネジメントに関する各種意思決定
④リスクマネジメント委員会	リスクマネジメント委員会決定事項に対する承認（重大リスクや、リスクマネジメント所管部署、全社的リスクマネジメント実施結果の評価・見直し方針）や重大投資案件の承認
⑤リスクマネジメント事務局	リスクマネジメント委員会の運営事務局、年間を通じた各リスクマネジメント責任者や責任部署実施事項の実行支援、リスクマネジメント委員会への報告事項や提案事項のとりまとめ

リスクオーナー？　責任者？　っていうのは何ですか？

特定のリスクに関する、実質的な説明責任者のことだ。何かあったときの最終的な責任者は社長だが、社長も忙しいし、見る範囲は広いし、すべてを説明しろというのは「無茶ぶり」だろう？　その意味で、実質的な説明責任者といったんだ。

じゃ、主管部署は、実質的に手を動かす部署ということですか？

そのとおり。

リスクマネジメント事務局なんていうのもあるのね。これは、普通は誰がやるんですか？

組織全体のリスクのことを、一番よく考えている部署が担うことが多い。だから、リスクマネジメント部みたいなリスクマネジメント専門の部署があればそこが担う。あるいはCSR[*1]室とか、内部統制室、経営企画部が担うとか。あとは、内部監査室なんてこともある。

内部監査部門とリスクマネジメントの関係

　内部監査部門は、社内において独立公平の立場で特定のルールが遵守されているか、そのルールが効果を発揮しているかといった観点から監査を行い、結果を取締役会などに報告する役割を担う組織です。

　監査する人的リソースにも限りがあるため、監査対象となるリスクの大きさに応じて、監査範囲を絞ったり深さを変えたりすることになります。別の見方をすれば、内部監査部門は、組織全体のリスクを普段からよく考えている立場になるわけです。

　このことから、ERMの構築時には欠かせない存在になります。あわせて、ERMの運用に携わるケースもあります。ただし、独立性・公平性を担保するために、ERMの運用に携わる部門員は、ERMについての監査を行わないなどの配慮が必要です。こうしたことも踏まえて、ERMの構築体制や運用体制を考えるといいでしょう。

---

*1　Corporate Social Responsibility（社会的責任）の略称。

そうすると、ERMの構築プロジェクトは、リスクマネジメント事務局を中心に体制を組んだほうがよさそうだな。

そうね。そして、そのプロジェクトには、さっき先生が挙げてくださった運用体制図に登場するような部門を巻き込んでいく感じね。

そのとおりではあるんだが、1点だけ注意が必要だ。運用体制図を見てもらえれば分かると思うが、最終的には「会社で拾うべき重要なリスクは何か、誰が拾うか」も決めなくては、体制は確定しない。

なるほど。確か「会社で拾うべき重要なリスクは何か、誰が拾うか」を決める方法については、「上級編でカバーするから、それを楽しみにしておいてくれ」ってことでしたよね。

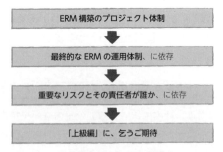

ERM構築プロジェクトの流れ

そういうことになるね。

よしっ！ ステップ4まで理解できたぞ。次はステップ5と6だ。

ERMにもPDCAが必要不可欠！

いったん、整理をしようか。これまで何を話してきたっけ？

プロジェクト体制を確立し、その上でリスクマネジメント委員会をはじめとしたERMの運用体制の整備、リスクマネジメントの共通言語の文書化、報告様式をはじめとした各部門においてリスクマネジメントを実施する際のツールの整備…とかだったと思います。

そして、それに基づく運用をしろっていうのが、この「**ステップ5：整備プロジェクトの推進と運用の開始**」ってことだよな。

ERM構築ステップ

- ステップ1：組織が抱える課題は何か？
- ステップ2：その課題をどうやって解決するか？
- ステップ3：そのためにどんなツールが必要か？
- ステップ4：そのツール整備は誰とどうやって推進するか？
- ステップ5：整備プロジェクトの推進と運用の開始
- ステップ6：モニタリングと結果の評価、改善

決めたことをやりなさいという話だとは思いますが、何か気を付けたほうがいいことはありますか？

別にERMに限った話ではなく、**新しいルールや仕組みを入れるっていうのは、生半可なことではできない**。それを十分に意識して欲しい。

そんなに大変かな？

考えてもごらん。たとえば「ところで明日から、このツールを使ってリスク分析をして」とか、「この報告様式を使って報告して」とか、「来月から月1回でリスクマネジメントミーティングがあるからよろしく」といきなり言われてできるかい？

いきなり、「よろしく」と言われると、何か抵抗感があるな。何だろう、この感覚。

人は、人から「やれ」と言われたことよりも、「**自分でやる**」と決めたことのほうが素直にやれるものなんだ。だから、ツールを用意してルールを発表すれば、それで運用できると思ったら大間違いだ。

そうか…。確かにそうだ。納得！

分かってくれたらそれでいい。そして最後の「**ステップ6：モニタリングと結果の評価、改善**」だ。

何をモニタリングするんでしょうか？

ルールどおりに運用しているかどうかをモニタリングするんだ。具体的には、「リスクマネジメント委員会を年１回開催する」というルールを決めたのなら、そのとおりにやったかどうか、それが役に立っているか、をモニタリングするんだ。

それは、誰がモニタリングするのかな？

一般的には、内部監査部門の人たちになるだろうね。もちろん、そういった組織がなければ、誰がやるかを別途決めればいいだけのことだ。そして、そうした結果を見て、評価し、改善につなげるんだ。

こういう**全社的な仕組みにもPDCA的な考え方を反映する**んですね。

そういうことだ。

ふぅー。6つだけのステップといえど、長かったー。やっとひと息付ける。

大組織におけるモニタリング 〜 CSA の活用

ERMで決めたとおりに、各責任者や担当者が実行すべきことを実行しているのかについて、内部監査部門が監査することになります。ですが、組織が大きくなると、モニタリングのすべてを内部監査部門だけで行うことは不可能です。

そこで一般的には、監査範囲の中でも、よりリスクの大きいところに対して積極的な内部監査を行うような、リスクベースのアプローチが行われます。しかし、この手法をもってしても限界があります。

そこで問題を解決するための方法として、CSA[*2]というアプローチがあります。CSAは、Control Self-Assessmentの略称であり、日本語では「統制自己評価」とも呼ばれます。組織における管理策（コントロール／統制）の有効性を、それを実施する部門自らが評価・改善を行う体系的なリスクマネジメント手法のことです。

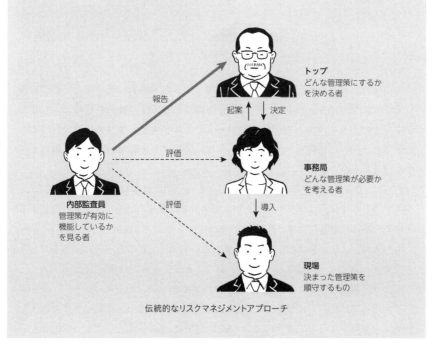

伝統的なリスクマネジメントアプローチ

---

*2 CSAは、1987年にガルフ・カナダ社により開発された考え方のこと。

ERMにもPDCAが必要不可欠！

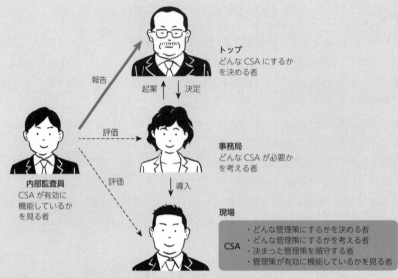

CSAのリスクマネジメントアプローチ

　CSAでは、従来は内部監査組織などが担ってきた活動を、現場に近い部門に任せることになります。つまり、内部監査組織にとっては、負荷の軽減につながります。そのぶんの浮いた内部監査リソースを、より重要なエリアに振り分けることができるので、組織全体で見れば、さらに効果的な管理策の評価・改善活動につなげることができます。

　さらに、守るべき管理策を、自分たちで考え、評価し、改善につなげていくことは、現場部門としては、リスクやリスクマネジメント活動を、「自分ごと」として捉えるよいきっかけになるのです。

　もちろん、メリットばかりではありません。自分たちが守るべきルールを自分たちで考え、評価し、見直してもらうということは、それだけ権限を委譲することにもなり、組織の中で「信頼関係」がなければできないことです。

　したがって、たとえばひんぱんに新しい人が入ってくる（あるいは、すぐに人が辞めてしまう）ようなロイヤリティが低い組織にCSAを導入しても、機能しないことは容易に想像がつきます。

　また、CSAを実行する組織では、ある程度リスクマネジメントに関する知識や技量が必要になります。スキルが伴わないままCSAを回すことは、管理策やリスクマネジメント活動を形骸化させてしまいます。

CSAは、現場にそれなりの力量や時間を求めるものです。それゆえ、段階的な導入を進めていくことも1つの手です。特定のテーマに絞って、まずそこだけにCSAを導入してみる、ということもできます。また、CSAの設計やその導入を推進する側である事務局的機能を果たす部門の側にも、それなりに力量が求められます。導入時には、外部専門家（コンサルティング）の力に頼ることも手ですが、組織の中でそういった人材育成に努めることもできるでしょう。

6時間目のまとめ

全社的リスクマネジメント(ERM)の作り方

□ ERM構築ステップは全部で6つ。

ステップ1：組織が抱える課題は何か？
ステップ2：その課題をどうやって解決するか？
ステップ3：そのためにどんなツールが必要か？
ステップ4：そのツール整備は誰とどうやって推進するか？
ステップ5：整備プロジェクトの推進と運用の開始
ステップ6：モニタリングと結果の評価、改善

課題特定がERMの命運を決める!?

□ ERMにおける課題特定は、組織のリスクマネジメントの質を決めるくらい重要なこと

□ 課題を特定するには、組織の環境分析や、過去のインシデント件数、内部監査の指摘事項など、さまざまな角度から分析をすることが必要である

体制とプロセスの決定、そして文書化へ

□ リスクマネジメントの課題解決には、次の事項を押さえることが重要

・リスクマネジメント委員会などの体制確立
・「年1回か数年に1回のペースで、全社で拾うべきリスクがないかどうか確認する機会を設けるプロセス」の確立
・リスクマネジメントを語るための共通言語の文書化

ERM構築には、誰の力が必要？

□ ERM構築の体制を考えるには、ERMの運用体制を考えることが必要

□ ERM運用体制には、特定のリスクに関する実質的な説明責任者であるリスクオーナー（リスク管理責任者）を設けることが必要

□ ERM運用体制には、運用の事務局を担う組織が必要であり、その組織は組織全体のリスクのことを一番よく考えている部署が担うことが望ましい

ERMにもPDCAが必要不可欠！

□ 文書化や方針の周知だけで、ERMのような新しいルールや仕組みを入れることはできないことを念頭において構築を進めることが肝要

□ ERMであってもPDCA的な考え方を反映しておくことが大事

158　6時間目：同時複数のリスクマネジメント〜ERMの攻略〜

上級編

7時間目

中小企業におけるリスクマネジメントの実践

8時間目

大企業におけるリスクマネジメントの実践

9時間目

ヤフー・日産グループにおけるリスクマネジメントの実践

7時間目

中小企業における
リスクマネジメントの実践

これまでは、どちらかといえば理論…机上での話が中心でした。ですが、現実の組織では、机上の話をそのまま適用できるほど簡単なものではありません。多くの制約があります。人が足りない。時間が足りない。知識が足りない。場合によっては、意識も足りない。それでも組織をリスクから守るためには、リスクマネジメントを駆使していかねばなりません。では、中小企業におけるリスクマネジメントの実際とはどういうものか、どうあるべきかを見ていきましょう。

中小企業の味方…マネジメントシステム！？

 さて、ここからは中小企業のリスクマネジメントを見ていこう。次のような中小企業を例にとって考えてみようと思うが、早速質問だ。この会社でリスクマネジメントをやろうと思ったらどうする？

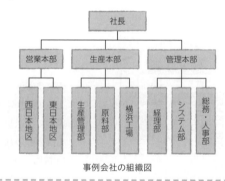

事例会社の概要

会社名　：望月梱包材製作所
事業内容：精密機械用の梱包材の製造販売
資本金　：5,000万円
拠点　　：東京（本社）、横浜（工場）、営業所、東日本および西日本に数か所ずつ
従業員　：150名
売上　　：100億円
組織図　：

事例会社の組織図

 今まで組織図は見てこなかったから、いざ組織図とにらめっこすると悩むわね。

 うーん。まったく分からん。

 では質問を変えよう。たとえば、システムが故障するリスクなどは、誰が面倒を見ると思う？

それはもちろん、システム部よね。

では、ハラスメントなどのリスクは？ 請求漏れのリスクは？ 誰が面倒を見ると思う？

ハラスメントは人に関係するリスクだから、総務・人事部あたりかな。コンプライアンス研修っていうんだっけか？ そういう教育とかをやっていそうだもんな。

請求漏れはお金関係だから、経理部よね。あれ!? こうやって考えると、この企業ではすでにリスクマネジメントをやっていると言えるわよね。

そうだな。生産本部にしたって、品質管理をやっているだろうしな。**各部門の業務が、そのままイコール、リスクマネジメント活動につながっている**感じだ。あれ、そしたら、この会社では特に新たにやるべきことはないじゃん。

それはどうかな。各部門が、何となくのリスクマネジメントはやっているだろうが、君たちが習ってきたような体系的なリスクアセスメントやリスク対応、モニタリングはどこまでしっかりとやっているだろうか？

やってはいるだろうけれど、**場当たり的なリスクマネジメントになってしまっている**可能性があるということをおっしゃりたいんですね。

そうだ。だから、何も手を付けなくていいとは限らないよね。たとえば、この事例会社が食品会社だったらどう思う？

人の安全・安心に関わることだから、食品リスクを場当たり的に行うっていうのはないよな。異物混入とかがあったときに、そんないい加減なリスクマネジメントをやっていたなんて、許されないだろうし。

じゃあ、どうすべきだと思う？

中小企業といえど、**企業の生命線を握るリスクマネジメントはしっかりとやるべき**だと思います。気になるリスクに対しては、これまでの授業で習ってきたようなリスク洗い出しから、大きさの算定や評価、対応などを行うみたいに。

この事例会社だと、何が生命線かな？

製品を作って納品している「モノ作りの会社」だから、製品の品質が生命線じゃないかな。あとは、やっぱり従業員の安全とか。

そうすると、品質リスクや労働安全衛生に関しては、リスクの洗い出しから、リスク対応、モニタリングに至るまでしっかりとやるべきということだね。

具体的には、品質リスクなら、5時間目の授業で習ったように、生産に関わる業務フローを書き出して、そこからリスクを特定する感じかな。

労働安全衛生は？

それは、おそらく世の中に答えがありそう。これも5時間目に習ったベースラインアプローチ？　だっけ？　労働安全衛生の教科書みたいなものを見つけてきて、リスク洗い出しをするんじゃないかな。

ただ、私たちは、先生からリスクマネジメントの考え方を学んできたから、こんな偉そうなことを言えるのであって、いきなり生産管理部の人にリスクアセスメントをやれと言ってもできないような気がします。

実際のところ、中小企業はリスクマネジメントにどう取り組んでいるのかな。

中小企業とは

企業を分類するときに、よく、大企業、中小企業、零細企業という分け方をします。では、中小企業とは何なのでしょうか。ひと口に中小企業といっても、法律や支援制度によって定義が異なっているため、ここではまず、もっとも一般的な定義である中小企業基本法における「中小企業者」について説明します。

中小企業基本法では、中小企業を中小企業者と小規模企業者に分け、さらに業種により異なる基準で分けています。

資本金の要件（資本金の額または出資の総額）と、従業員の要件（常時使用する従業員の数）がありますが、どちらかを満たしていれば中小企業者とみなされます。

業種については、総務省の「日本標準産業分類」から分類を調べ、中小企業庁がまとめている中小企業基本法上の類型と日本標準産業分類の対応表から、どの業種に該当するかを調べることができます。

企業の生命線を握るリスクマネジメントについては、はるき君の言ったような教科書、つまり、**ISOマネジメントシステム**と呼ばれる経営ツールを活用しているね。

中小企業の味方…マネジメントシステム!?　165

 ISOマネジメントシステム？

 世界標準のことだ。

 世界標準？

 そうだ。たとえば、ネジを作る際に、日本で作ったネジとアメリカで作ったネジの寸法が異なっていたらどうだい？

 ネジを使い分けなければいけないので不便です。

 あ、だから共通ルールみたいなものを作っておくのか？

 そうだ。そしてその共通ルールは、何も、製品に対してだけあるんじゃない。これまで話してきたような、「リスクマネジメントのやり方」にも共通化されたルールが存在する。その代表格は、ISO9001だ。

 ISO9001って？

 これは、品質に関するISOマネジメントシステムだ。つまり、品質リスクのマネジメントをする際の世界共通ルールが書かれている。もちろん、それを採用するもしないも企業次第だがね。

 そんなものがあるなら、みんながそれを活用すればいいじゃん。

そうだ…と言いたいところだが、素人が読んで、すぐにすべてを理解できる代物じゃないし、多くの場合、「何をすべきか？」は書かれていても「どうやってすべきか？」は書かれていない。

つまり、ISOマネジメントシステムが便利といっても、使うにはそれなりの労力がいるということですね。ところで、どんなリスクに対しても、何らかのISOマネジメントシステムが存在するんですか？

メジャーなリスクにはたいてい、この種の規格が存在するといっていいだろう。ちなみに、国際規格にはISOという冠が付くが、国家規格、たとえば日本の規格の場合はJISという冠が付く。代表的なものを挙げると、次のような感じだ。

代表的なISOマネジメントシステム一覧

国際規格番号	規格タイトル（略称）
ISO9001	品質マネジメントシステム（QMS）
ISO10002	苦情対応マネジメントシステム（CMS）
ISO14001	環境マネジメントシステム（EMS）
ISO27001	情報セキュリティマネジメントシステム（ISMS）
ISO20000	ITサービスマネジメントシステム（ITSMS）
ISO22301	事業継続マネジメントシステム（BCMS）
ISO22000	食品安全マネジメントシステム（FSMS）
ISO37001	贈賄防止マネジメントシステム（AMS）
ISO45001[1]	労働安全衛生マネジメントシステム（OHSMS）

うわー、たくさんありますねー。

こういう知識を持っておくと、何かと武器になる。知っておいて損はないだろう。よし、ここで休憩にしよう。

---

[1] OHSAS18001（労働安全衛生マネジメントシステム）の後継にあたる国際規格。

中小企業における網羅的なリスクの洗い出し方

さて、改めて事例会社に話を戻して考えよう。この会社では、どんなISOが活用できそうかな。

さっきの話だと、やはりメーカーだから品質が大事ということで、ISO9001を活用するのがよさそうだな。

労働安全衛生という観点では、ISO45001が役立ちそうよ。

ふむふむ。

先生、質問！ 今、僕らが2人で適当に議論して「品質リスクや労働安全衛生リスクが大事だ」と言っているけれど、実際は、どれが会社にとって重要なリスクかは、いつ、誰が、どうやって決めるんですか。

本当に会社にとって重要なリスク、企業の生命線になるものは何かって話だよね？ だとしたら、誰が決めるべきかどうかは明白じゃないかい？

社長…かしら？

えー、「社長、お決めください！」って聞けばいいってこと？ そんなこと社長に聞いたら、「お前の考えをまず持ってこい！」とか言われて叱られないかなぁ。

自分の考えを提示するのは大事なことだ。ただ、ここで言いたいのは、**結局何が大事かは最終的に社長が決めるべきこと**、ということだ。裏を返せば、あまり複雑な調査をしたり、分析をしたりしても意味はないよということだ。

なるほど。そういうことなら、**年1回くらい、会社の経営層が集まる会議とかで、「我が社にとって重要なリスクはこれだ！」って決めてもらえれば**それで丸く収まるじゃん。

そのとおりだ。何が重要なリスクかさえ決まれば、あとはどうやって管理していくのかという議論だけだ。

どうやって管理するのかって、たとえば、ISOマネジメントシステムを使うのかどうかっていう話ですよね。もし、ISOマネジメントシステムを活用しない場合は、他にどんな選択肢があるんでしょうか？

重要なリスクの責任者だけを決めて、あとは管理の仕方を含め、責任者にすべてを一任するという手もあるだろう。

先生、もう1つ質問！ 5時間目・6時間目の授業で習ったERMってやつは、いらないんでしょうか。

ERMって、確か、リスクマネジメントの活動に重複や抜け漏れが発生するとか、ブラックボックス化するとか、情報が共有されないとか、そういった問題を回避するための仕組み、家の基礎ならぬリスクマネジメントの基礎のことだったわね。

それについても、すでに2人が答えを出しているんじゃないかな。

え!? 僕らが話していたのは、年1回とかに役員クラスの人たちが集まって議論して決めればいいじゃん…って、それだけだったけれど…。

そうした活動が定期的に行われるなら、その活動自体がERM的な活動になり得るよね。組織横断での意見調整もできるし、何か課題があればそこで拾われるだろうし。

あ、そうか。ERMは仕組みっておっしゃっていたので、何か複雑なものだとばかり考えていたけれど、そんなこともないのね。

なるほどねぇ。こういうノリでいいなら、現実的だし、実践的だし、中小企業でも運用できそうだ。

分かったかな。よし、この授業はここまでとしよう。

ISOマネジメントシステムにおけるリスクアセスメント

　ISOマネジメントシステム規格でも、リスク洗い出しや対応について言及がなされています。具体的には、「**6.1 リスク及び機会への取組み**」と呼ばれる項番がこれに該当します。
　なお、ここでいう「リスク及び機会」とは、ネガティブリスクとポジティブリスク（よい影響をもたらす可能性のあるリスク）を指します。

6.1 リスク及び機会への取組み

6.1.1 品質マネジメントシステムの計画を策定するとき，組織は，4.1に規定する課題及び4.2に規定する要求事項を考慮し，次の事項のために取り組む必要があるリスク及び機会を決定しなければならない。

　a) 品質マネジメントシステムが，その意図した結果を達成できるという確信を与える。

b) 望ましい影響を増大する。

c) 望ましくない影響を防止又は低減する。

d) 改善を達成する。

【出典】ISO9001 品質マネジメントシステム−要求事項 6.1 リスク及び機会への取組み

　「リスク及び機会への取組み」で求めていることは、規格がカバーするリスク種別…たとえばISO9001であれば、品質に関わるリスク（および機会）の洗い出しと対応策の決定です。どのようなやり方をして、リスク洗い出しを行うかは、取り扱うリスクの種類によっても変わりますが、細かい手続きに関しては組織の裁量に委ねられています。

　たとえば、情報セキュリティリスクのISOマネジメントシステム規格であるISO27001では、守るべき情報（資産）を軸としたリスクの洗い出し、リスク分析・評価・対応を行うことが求められています。情報セキュリティの場合は、組織がどのような情報（資産）を持つか、それがどこに保管されているかなどによってリスクが大きく変わるからです。

　他方、品質リスクのISOマネジメントシステム規格であるISO9001では、どのようなリスク洗い出しを行うかについて、何ら定めはありません。これは、品質リスクの場合は、組織がどのような設備を持つかといった環境によってではなく、検査工程が適切に導入されているかどうかによって左右されるものだからです。

　したがって、ISO9001におけるリスク洗い出しは、ISO9001が定める各種要求事項（例：検査など）と、現状とのギャップ特定を通じたリスクアセスメントを行うことが一般的であるといえます。

　ISOマネジメントシステムは、リスクアセスメント手法についてもこのようにヒントを提供してくれているという意味では、とても有益な参考書といえるでしょう。

中小企業における網羅的なリスクの洗い出し方　171

7時間目のまとめ

中小企業の味方…マネジメントシステム!?

☐ 特に意識をしなければ、各部門の活動は、場当たり的なリスクマネジメントになってしまっている

☐ 中小企業といえど、企業の生命線を握るリスクマネジメントはしっかりとやるべき

☐ ISOマネジメントシステムと呼ばれる経営ツールを活用するのがよい

中小企業における網羅的なリスクの洗い出し方

☐ ISOマネジメントシステムを活用しない場合は、重要なリスクの責任者だけを決めて、あとは管理の仕方を含め、責任者にすべてを一任するという手もある

☐ 結局、何が重要なリスクかは、最終的に社長が決めるべきことである

☐ 中小企業なら、年1回くらい、会社の経営層が集まる会議などで、「我が社にとって重要なリスクはこれだ」と決める活動でもERMになり得る

8時間目

大企業における
リスクマネジメントの実践

人が足りない。時間が足りない。知識が足りない。意識が足りない…いろいろな制約事項があるのは、大企業も同じです。そこには、範囲が広い、合意するために巻き込むべき人が多い、情報共有すべき人が多いなど、大企業特有の制約事項も加わります。では、大企業におけるリスクマネジメントの実際とはどういうものか、どうあるべきかを見ていきましょう。

大企業における重要リスクの見つけ方

ここからは、大企業のリスクマネジメントを学んでいこう。7時間目と同様に、事例会社を基に話そう。

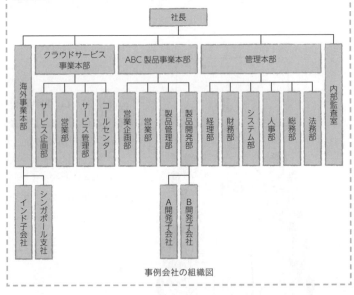

事例会社の組織図

事例会社の概要

会社名　　：シンセイキITサービス株式会社
事業内容　：IT製品・サービス開発および販売・運用・保守
資本金　　：10億円
上場　　　：東証一部
拠点　　　：本社（東京）、国内拠点数か所、海外拠点・子会社数社
従業員数　：5,000人
売上　　　：1,300億円（うち、ABC製品事業の売上が8割）
組織図　　：

ぶら下がっている組織は、国内拠点だけでなく海外拠点もあるし、子会社まで入っている。まさに大企業だ。中小企業同様、いや、それ以上にやることはやっているよな？

人事部であれば人にまつわるリスク、経理部であれば財務諸表虚偽記載リスク、財務部であれば為替や売掛金貸し倒れリスク、システム部であればシステムリスク…みたいな感じでしょうね。

これも中小企業のときと一緒で、重要なリスクを決めて、深掘りできていればいいわな。

確かにそうだが、組織図を見てもらっても分かるとおり、これだけ大きな会社になると、**中小企業のときのように社長に聞けばすべてが分かるというのは難しい**かもね。

それに、海外に拠点もあるみたいだし、組織間のちょっとした意見調整も大変でしょうね。

関係者が多いので、**情報共有や検討意思決定プロセスがよりフォーマルになる**だろうね。社長1人で決めるわけにはいかないから、役員全員が集まる経営会議や取締役会で話す機会も増えるだろう。

でも、何でもかんでも経営会議や取締役会にかけるわけにはいかないよな。そうすると、**その手前の意見調整や意思決定支援組織として、リスクマネジメント委員会みたいなものが必要になる**というわけか。

そうなると、まずは**組織の中の意思決定プロセスを固める**ところから始めなきゃね。

その意思決定プロセスが確立できたとして、どれがこの会社にとっての重要なリスクかを決めるには、どうしたらいいんだろうか？

組織に何が重要なリスクかを決めるには3通りある。トップダウン方式とボトムアップ方式、あるいは2つを組み合わせた**ハイブリッド方式**だ。

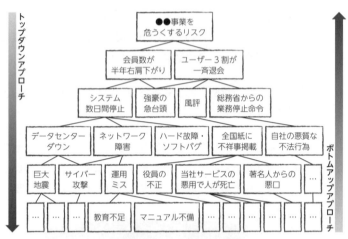

重要なリスクを決めるアプローチ

トップダウンで重要リスクを決めるというのは、中小企業のときのように、組織の上層部で決定して下に降ろすというアプローチですよね？

ただし大企業の場合は、社長1人で決めるっていうのも難しいだろうから、トップダウンといっても、他の幹部の話も聞きながら決めるんだろうけれど。

今回の事例会社でトップダウン方式をとる場合、具体的に誰に話を聞こうか？

トップとはいえ、現場のことが分かっている人がいいでしょうから、各事業本部のトップとかがいいんじゃないかしら。海外事業本部やクラウドサービス事業本部、ABC製品事業本部、管理本部それぞれのトップとか…。

いわゆる執行役員や担当役員などと呼ばれる人たちのことだね。いいんじゃないかな。で、具体的にどうやって話を聞く。個別につかまえて話を聞くかい？

それでもいいし、場合によっては一斉に集まってもらって、議論できないかしら。

組織によっては、それも十分可能だろうね。そのほうが、一気に話を進めることができて楽だろうな。

インタビューか、ディスカッションか？

　役員クラスでリスクマネジメントの協議をする際には、2つの方法があります。1つはインタビュー。リスクマネジメント事務局が、1人ひとりの役員から、個別に話を聞く方法です。この方法は、本音を引き出しやすいことと、アポイントメントを取りやすいことなどのメリットがあります。

　もう1つは、役員が一堂に会してのディスカッション形式です。この方法だと、アポイントメントが取りにくいデメリットがありますが、その場で一斉に意見調整と意見交換をすることで、後々の合意形成がとても楽になります。

　それぞれメリット・デメリットがあるので、肝に銘じておきましょう。

で、結局、この会社の重要リスクって何だろうね。

ITサービス企業だから、何といっても、システムが大事よね。そうすると、重要なのはシステムリスクかしら。あとは、海外進出しているので、海外リスク？　っていうのかしら、それが心配よね。

上場企業だからね、投資家に対する正確な財務諸表の開示義務があるから、財務諸表の虚偽記載リスクも大きいだろう。あとは、反社会勢力との付き合いや、インサイダー取引をしてしまうなど、コンプライアンス違反を犯したときの影響はとてつもなく大きい。その意味では、コンプライアンスリスクも極めて重要だ。

大企業に求められる法的な要件

大企業では、実務的な理由からリスクマネジメントが必要になるのはもちろんですが、法的にもリスクマネジメントを行うことが求められています。

具体的には、会社法の中で「内部統制システムの整備」[*1]に関する規程があり、その中の1つに「損失の危険の管理に関する規程その他の体制の整備」という要求事項があります。これが、まさに大企業がリスクマネジメント、あるいは全社的リスクマネジメント（ERM）を整備し運用を行う、法的根拠ともいえます。

ABC製品事業本部の売上が、全体の8割を占めているともあるわ。ということは、ABC製品事業が立ちゆかなくなるリスクも重要リスクよね。

…といったことを、役員層から聞き出せばいいわけだな。

そうね。ところで、もう1つのボトムアップ方式ってどういうアプローチですか？

現場から声を吸い上げて、重要リスクを決めるアプローチだ。調査票みたいなものを作り、各部門に投げ、記入して返してもらう手法をとることが多い。

重要リスク調査票の内容

1. 重要リスクは何ですか？
2. その大きさはどれくらいですか？
3. …
…

書いてもらって、回収したあとは、どうするんですか？

事務局が情報の整理分類をして、リスクマトリックスや、これに基づくリスクアセスメントシートを完成させる。

---

*1　会社法348条第3項より。

なるほど。まさにボトムアップですね。全社の部門から幅広く調査するから、漏れなく拾うことができそうね。どういう組織において、この方法が有効なんでしょうか？

役員も多忙なはずだからね。**役員1人ひとりをつかまえるのがひと苦労な組織では有効**だろうね。また、役員自身がその役職に就いたばかりで、**管掌している部門のことをまだよく分かっていない場合も、ボトムアップのほうがいい**かもしれないね。

逆に、デメリットはありますか？

あるよ。第一に、各部門から**回収した調査票のとりまとめが大変**だ。第二に、ボトムアップで集めるリスクは**重要リスクではないことも多い**。第三に、**幅広く全部門に負荷がかかる**。ボトムアップだからね。

でも、もしかしたら、現場の声を拾うことで、役員が知らないような大きなリスクが潜んでいるのが分かったりして…。

そうかもしれない。ただし、そんなに重要なリスクなら、わざわざ調査票を使わなくても普段から報告しておくべき話だよね。まあ、それを促進するのも、リスクマネジメントの役割ではあるけれどね。

アプローチの是非はともかく、そうやって重要リスクを特定できたとして、次にどうなりますか？

管理体制や役割をはっきりさせるんだろう？　あとはその管理方法も。たとえば、システムリスクを管理するのだったら、ISO規格に頼るのも手だって先生は言っていたよな。ISO20000とかだっけか？

システムとか、コンプライアンスとか、財務諸表虚偽記載リスクとかについては、すでに前の授業で習ったから何となく何をすればいいか、想像が付くけれど、たとえば、ABC製品事業が立ちゆかなくなるリスクの管理ってどうしたらいいのかしら？

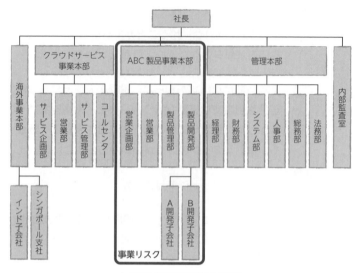

大企業における事業リスクの範囲

立ちゆかなくなるって、災害などによる事業中断もあれば、売上が急激に減るっていうのもあるし、法令違反による多額の賠償金支払いとか、いろいろだよな。

そういうのを、**事業リスク**と呼ぶ。仮に、特定の事業部の事業リスクを管理するっていう話なら、今度は、**事業部の上層部を集めて、重要なリスクの話し合いをするというのも手**だろうね。

なるほど。全社でとるアプローチを、今度は事業というくくりでも当てはめて考えればいいのね。

そうすると、海外拠点や子会社にも同じことが言えるだろうな。

あとは、リスクマネジメント委員会もうまく活用して、組織横断の意見調整や、方針決定をしていけば、全社リスクマネジメントに絡む問題も解決できるわね。

そういうことだ。大企業になると、リスクの拾い方について少し工夫が必要になるという点は分かってくれたかな。

大企業が目指す究極のモニタリング

重要リスクの洗い出しについて述べてきたが、大企業になると、もう1つ押さえておきたいことがある。それは**モニタリング**だ。

モニタリングって、過去の授業で何度か出てきていますが、「リスク対応するって言ったことを、しっかりとやっているか？」とか、「その対応が役に立っているのか？」といったことを見張る活動のことですよね。

どの組織でも、普通にやる活動だとは思いますが、大企業になると何か特別に変わるんでしょうか？

大企業では、よりきめ細やかなモニタリングが欲しいところだ。具体的には、**事故の予兆監視**だ。ちなみに、この予兆監視に使われる指標のことをKRI[*2]と呼ぶこともある。

予兆監視？　「うろこ雲が現れると、もうすぐ大地震が起こる」とかみたいなやつ？

[*2] Key Risk Indicator の略。

まぁ、うろこ雲が大地震の予兆になり得るかは分からないが、意味合いとしてはそのとおりだ。

対策は打ってあるけれど、もしかしたら、もうすぐでリスクが現実のものとなり、大事故が起きそう…。その前兆を、何をもって判断するかですね。

でも、それって大企業といわず、中小企業でも必要なことでは？

それはそうなんだが、ひと言で予兆を監視するといっても大変なんだ。想像している以上に、時間もお金もかかる。

ふーん。まぁ、僕は日記でも何でも三日坊主が多いから、記録を取り続けるのがいかに大変かは何となく分かるけど。

でも、何を測定・監視したら、予兆監視になるか。それって、どうやって見つけたらいいんですか？

自組織で仮説を立てて、検証しながら有効な予兆指標を発見していくしかない。たとえば、仮に社員の犯行による情報漏えいリスクの予兆監視をするとしたら、何が予兆になり得ると思う？

社員の犯罪がもう少しで起きそうだということを、何をもって見つけるか？　ですよね。そんなの分かったら、苦労しないっす。

社内犯行が起きやすい組織ってどんな組織か？　そんな風に考えてみればいいんだよ。たとえば、こんな感じだ。

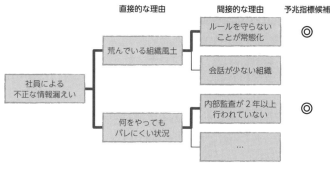

社内犯行が起きる理由とは

 へぇー。でも、もし仮説が間違っていたら？　つまり、予兆だと思って監視していたけれど、何の意味もないものだったら？

 見直せばいい。

 ひー。大変だ。

 だから、時間も金もかかると言っただろう？　大企業あるいは、リスクをとことん潰しておきたい会社、金融機関や膨大な個人データを取り扱っている企業なんかは、これくらいやってもバチは当たらないだろう。

 なるほどー。

 組織が大きくなればなるほど、リスクにシビアな組織になればなるほど、**単に対策の導入進捗状況や遵守状況だけをモニタリングするのではなく、事故が起きそうかどうかもモニタリングするのが大事**なんだ。分かったかい？

 はい！

8時間目のまとめ

大企業における重要リスクの見つけ方

- [ ] 情報共有や検討意思決定プロセスがよりフォーマルになり、意見調整や意思決定支援組織として、リスクマネジメント委員会みたいなものが必要になる

- [ ] 組織に何が重要なリスクかを決めるには、トップダウン方式とボトムアップ方式、あるいは2つを組み合わせたハイブリッド方式の3種類がある

- [ ] トップダウン方式は、経営層を中心に重要なリスクを決定し、下に降ろす方法。ボトムアップ方式は、現場から声を吸い上げて重要リスクを決めるアプローチ

- [ ] 事業リスクや子会社リスクを管理する場合は、その組織の中でトップダウン方式やボトムアップ方式をとったリスクマネジメントを行えばよい

大企業が目指す究極のモニタリング

- [ ] 組織が大きくなればなるほど、リスクにシビアな組織になればなるほど、単に対策の導入進捗状況や遵守状況だけをモニタリングするのではなく、事故が起きそうかどうかもモニタリングすることが大事

9 時間目

ヤフー・日産グループにおける リスクマネジメントの実践

ここでは、いったん授業から離れます。これまでは架空の企業に基づいた解説でしたが、実際の企業がどのようなリスクマネジメントを行っているのか、いくつか具体的な事例を取り上げて紹介していきたいと思います。

ヤフーの場合

　ヤフー株式会社（以下、ヤフー）は、インターネット広告およびeコマースを事業収益の柱としています。代表的なサービスには、Yahoo!ニュースや、ヤフオク!、Yahoo!ショッピングなどがあります。子会社も多数あり、オフィス・現場用品の通信販売や宿泊・飲食予約サイト運営など、多岐にわたる事業展開をしています。

　組織は、事業軸で編成されており、事業部門にはカンパニーという名称が付されています。傘下の子会社はその事業内容に合わせて、関連するカンパニーに所属しています。

　ヤフーの特徴は、黎明期から国内のインターネットサービス市場をリードし続けてきた、その圧倒的知名度と、その集客力によって蓄積するビッグデータをフル活用したサービス運営です。

企業概要[*1]

会社名	：	ヤフー株式会社
上場	：	東証一部
代表者名	：	代表取締役社長　宮坂　学
主な事業内容	：	インターネット上の広告事業、eコマース事業、会員サービス事業など
資本金	：	8,428百万円
従業員数	：	5,826人
設立年月日	：	1996年1月31日
主な子会社	：	GYAO、アスクル、一休など

　そのような組織で、どのようにリスクマネジメントに取り組んでいるか、そして、どのように発展させてきたか、どのような課題に取り組もうとしているかを紹介します。

＊1　2017年3月31日時点での公開情報に基づく。

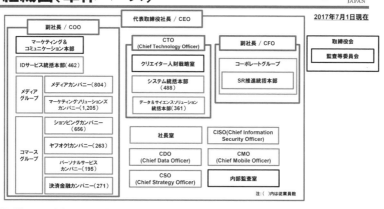

【出典】2017年度第1四半期決算説明会プレゼンテーション資料

ヤフー組織図

● ERM導入前のヤフーのリスクマネジメント

ヤフーでは、会社として管理すべきリスクについて5つの分野別の委員会を設置し、リスクマネジメントを行ってきました。5つの分野とは、「ビジネスリスク」「BCP[*2]」「コンプライアンス」「情報セキュリティ」「労務・安全衛生」であり、それぞれの委員会を統括するリスクマネジメント・コンプライアンス委員会にて、ヤフーのリスクを管理してきました。

そうした中でも、とりわけ大きいリスクとして認識されてきたのが情報セキュリティリスクです。ビジネスの特性上、膨大な個人データを扱う必要があるためです。

この情報セキュリティリスクに対しては、CISO（チーフインフォメーションセキュリティオフィサー）という責任職を設け、リスクマネジメントツールとして有名なISO27001（ISMS）を活用しながら、リスクマネジメントのPDCAを導入・運用してきました。

しっかりとリスクマネジメントを実践してきたヤフーに見えますが、そこにはさまざまな課題も存在していました。顧客の信用に影響を与えるような大事故と決して無縁ではなかったですし、そういった中でも、むしろヤフーはさらに成長のスピー

---

*2　事業継続計画（Business Continuity Plan）。企業が自然災害などの緊急事態に遭遇した場合において、資産保護、事業継続を目的としてあらかじめ取り決めておく計画。

ドを加速させようとしていたからです。急激な成長には成長痛を伴うのが自然の摂理です。刻一刻と変化する組織や事業環境…経営陣が安心して、アクセル全開で経営の舵取りをするためには、改善すべき課題がまだまだたくさんありました。

　どんな課題かといえば、攻めと守りのバランスの悪さです。たとえて言うなら高速サーキットを攻めるためのエンジンはものすごくパワーがあるのに、付けているブレーキやウイング、センサーが十分に機能しない…といった感じでした。もちろん、管理部門は、安心して事業部門がパワーを発揮できるよう日々リスクのことを考え、活動をしていましたが、管理部門以外で能動的にリスクのことを考えるケースは決して多くなかったということです。また、事故や障害が起きてから「ブレーキやウイング」が十分に機能していないということに気が付いて、その都度見直しをかけてなんとか乗り切る…そういった場当たり的な対応が散見されました。また、企業が持続的かつスピード成長を続けていくために、大規模震災などのいかなる緊急事態下においても、ニュースや災害情報を24時間365日発信し続けることこそがヤフーの社会的責任であるとする中で、全社横断的・網羅的なリスクマネジメント体制の確立が問われていました。

　ヤフーは、こうしたさまざまな課題を解決するための推進役としてリスクマネジメント部（当時はリスクマネジメント室）を新設し、全社的リスクマネジメント（ERM*³）の導入を意思決定したのです。

＊3　Enterprise Risk Management：リスクマネジメント活動に関する全社的な仕組みやプロセス。

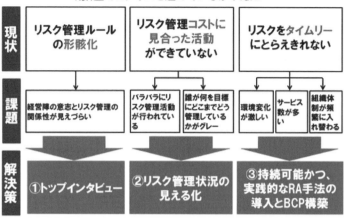

ERMにおける現状・課題・解決策

● 全社的リスクマネジメント（ERM）後のリスクマネジメント体制

こうして、事業リスクなど、過去のリスクマネジメント活動では拾えていなかったリスクを拾うため、また、各部門が個別バラバラに行ってきたリスクマネジメントの最適化を図るため、全社的リスクマネジメント（ERM）の仕組みを導入しました。数年の運用を経て、現在ではその活動範囲はヤフーだけでなく、連結対象となる子会社にも及びます。

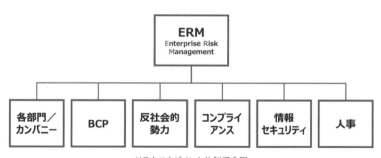

リスクマネジメント体制概念図

結果、会社として積極管理すべきリスクが以前にも増してはっきりと定義され、これらの管理体制を明確に設け、リスクマネジメント活動を行っています。たとえば、事業継続（BCP）リスクの管理責任者には、オペレーションの最高責任者であ

るCOOが任命されています。そして実際の管理担当には、リスクマネジメント部が就いています。

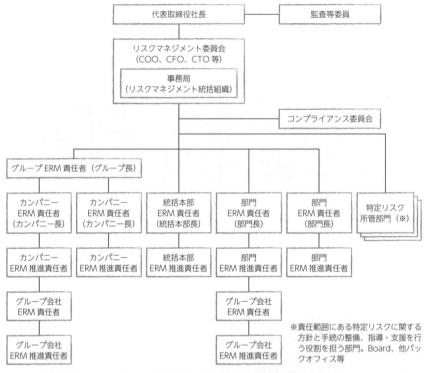

ヤフーのリスクマネジメントに関係する組織体制

● ヤフーにおける全社的リスクマネジメント（ERM）の運用

　ヤフーにおけるERMの年度初めは、「全社リスク対応方針（リスクマネジメント方針）」の決定・周知からスタートします。全社リスク対応方針とは、会社として向こう1年間何を重視して何を意識して何に気を付けてリスクマネジメントを行うかについて、経営陣の考えを言語化したもののことです。具体的には「もれる。きえる。とまる。を失くそう」[*4]といったスローガンです。

　この方針決定は、リスクマネジメント部による経営陣へのインタビューを通じて行われます。

＊4　2015年度の全社リスク対応方針。

トップインタビューの様子

　全社リスク対応方針が決まると、各部門が持つ責任範囲で、リスクマネジメントのPDCAを回すことになります。基本的に、全部門が何らかの責任を例外なく持っています。

　ただし、ヤフーでは組織編成や人事異動がひんぱんに行われるため、全社リスク対応方針を決めただけではPDCAは回りません。各部門長の責任において部門内のリスクマネジメント体制を決定してもらいます。加えてアサインされた担当者に対しては、教育プログラムが作成され、必要なスキルを身に付ける準備活動が行われます。

　その後の流れについては、部門の1つであるショッピングカンパニーを例に取って解説していきます。ショッピングカンパニーは、その名のとおりオンラインショッピング事業の運営を中心に行う部門なので、この部門が管理すべきリスクは、ショッピング事業そのものに関わる「事業リスク」になります。

　事業特有のリスクですから、事業主体となるこのカンパニーこそが、どんなリスクがあるかについて一番理解しているはずです。

　具体的には、不適切な出品や、ショッピング時の決済システムの停止など、事業に何らかの影響を与えるリスクすべてがこの対象となりますが、そういったリスクの洗い出しや分析・評価・対応を、このカンパニー自身が主体となって考え、答え

を出します。

　ちなみに、ショッピングカンパニーの場合は事業リスクでしたが、これが間接部門…たとえば全社横串で情報システムを統括する部門であれば、システムリスクマネジメント活動を中心に行うことになります。子会社も同様に、洗い出すリスクの数や範囲に多寡はありますが、進め方は、基本的にカンパニーのそれと同じです。

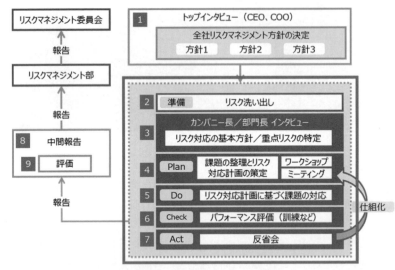

全社的リスクマネジメント(ERM)プロセス図

　こうして策定されたリスク対応計画は、それぞれの部門の責任において実行・管理されます。ただし、これだけでは「本当に計画どおりにやったのか？」「計画どおりにやった結果、どうだったのか？」「全社に共有すべき学びはないのか？」といった疑問に答えられません。

　そこでヤフーでは、半期に1度、関係者を集めて一斉に進捗確認と振り返りを行います。なお、半期に1度の報告会は、全国40前後の部門のリスクマネジメント担当者が一堂に会して行われます。

● 各部門が行うリスクアセスメント

では、カンパニーや間接部門、子会社におけるリスクアセスメントはどのように行っているのでしょうか。

リスクアセスメント結果…すなわちリスク対応計画については部門長が最終承認を行うこと…以外は、誰を巻き込んでどのような流れで実施するかについては、各部門の裁量に委ねられています。したがって、部門によっては、部門長がその部門のリスクマネジメントについて方針を示した上でリスクアセスメントをする場合や、実務担当者を中心にリスクアセスメントを行い、その結果を見て部門長があとからコメントする…場合などもあります。

各部門に一定の裁量を委ねる代わりに、評価に統一性を持たせるため、ヤフーでは、ERMという枠組みの中で、リスクアセスメントを行うためのツールや報告様式の標準化を図っています。たとえば、各組織でのリスク洗い出しに、不用意な抜け漏れが発生するのを防止するためのリスクアセスメントシートが用意されています。このリスクアセスメントシートには、ヤフーとして全部門で当然にカバーすべきリスクが8～15種類ほど記載されています。このリスクは100近いリスクを整理・分類しヤフーの特性に合わせてまとめられているものです。その部門の管理範囲に子会社があるかどうかによってもその数は変わります。

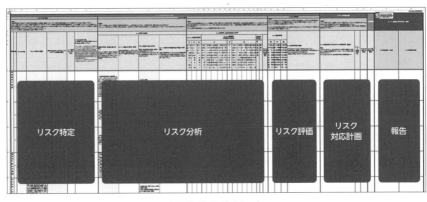

リスクアセスメントシート

2-2影響度、発生可能性の分析														
2-2-a 発生可能性			2-2-b 影響度 ※括弧内は例示										自動計算用 スコアリング		リスクの大きさ（自動計算）
大	中	小	大				中			小			発生可能性	影響度	
1年に1回以上発生・または2〜3年程度に		20〜50年程度に1回は発生	右記いずれかに類似する深刻な事態	従業員の生命・安全に関する深刻な影響を与える（人命の損失等）	企業価値に対する深刻な影響（テレビ・メディアで報道される等）or	右記いずれかに類似する比較的軽度な事態	大・小の中間的な事態	or	事態 右記いずれかに類似する軽度な	Or 従業員の安全に関して氏名・けが等が生じないか、ごく限定的である。	企業価値に関して、影響はほとんど生じないか、ごく限定的である			

リスクアセスメントシート（リスク分析）

各部門は、洗い出した結果に基づき、リスク対応の優先順位付けを行い、対応すると決めたものに対しては、リスク対応計画書を作成し、部門長承認のもと、リスクマネジメント部に提出します。

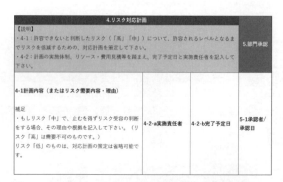

リスクアセスメントシート（リスク対応計画と部門承認）

● ヤフー ERM の特徴

ヤフーは、ユーザー目線で考えることを常に意識してきた企業です。同じことをリスクマネジメントの世界でも実現しようと、日々努力をしています。

リスクマネジメントの利用者、すなわち当事者は、事務局であるリスクマネジメ

ント部ではなく、各部門のリーダーおよびリスクマネジメント担当としてアサインされた担当者です。リスクマネジメント部は、こうした人たちに、いかにリスクマネジメントをやりたいと思ってもらうか、いかに適切な実行をしてもらうかを考え続け、工夫し続けている…そのことこそが、ヤフーERMの特徴であるといっても過言ではありません。

　ここでは、そうした工夫について紹介したいと思います。ここで述べる工夫とは、巻き込む工夫、記憶に残る工夫、盛り上げる工夫、質向上の工夫の4つに分けることができます。

　1つ目は、巻き込む工夫についてです。ヤフーでは、当事者意識を醸成するため、関係者をできる限り、早めの段階から巻き込むよう工夫を凝らしています。
　すでに触れました、リスクマネジメント部門のインタビューを通じて［全社リスク対応方針］を経営陣自らが、自らの言葉で決定する…この活動自体も、その工夫の現れです。経営トップ自らがリスクマネジメントのあり方を示すことは、会社として、それが重要なんだという強いメッセージにもなります。
　考えてもみてください。売上は伸びれば給料が増える、待遇が改善される…そういったイメージがわきやすいものですが、リスクマネジメントは行ったら何がどう変わるのか、そのイメージを持ちにくいものです。つまり前者は、放っておいても真剣に活動を行う動機付けがなされますが、後者はそうではありません。でも重要なんだ、やらなければいけないんだ、ということを関係者に伝えるためには、経営トップこそがその強い姿勢を示す必要があります。

イントラネットによる「全社リスク対応方針（2015年度）」の告知

また、ヤフーの巻き込みの工夫は経営陣の巻き込みだけに止まりません。リスクマネジメント活動を実際に行う当事者の巻き込みも積極的に行う努力をしています。これについても前段で触れましたが、実際に各部門でリスクマネジメント活動をすることになる担当者への説明会の開催や、リスクマネジメントについての知識・技術習得をするための研修会の場を設けるなど、教育プログラムの作成実施には余念がありません。

　2つ目は、記憶に残る工夫です。単に意思決定するだけでなく、決めたことを全社共有するにあたって、記憶に残りやすい言葉にまとめています。たとえば、全社リスク対応方針についても、単純に「情報セキュリティの機密性・完全性・可用性が重要」という伝え方をせず、「やっぱり『もれる。きえる。とまる。』が脅威」のように、語呂合わせをうまく活用し、人の記憶に残りやすい表現に置き換えています。十数行にわたる立派な「リスク対応方針」を策定される企業もありますが、従業員のみなさんがどれだけ覚えているでしょうか。簡単なことに聞こえますが、何かあったときにすぐに呟ける…こうした方針が本当に価値のある方針だと考えます。

　記憶にいかに残すか。この工夫は、情報共有の仕方にも現れています。前出の全社リスク対応方針をはじめ、各種リスクマネジメント活動のアウトプットを見せる工夫、いや、魅せる工夫がなされています。
　単なる平たい文章の形でメールや社内掲示板を通じて情報発信をするのではなく、あたかもメディア取材を受け、雑誌に掲載されたかのようなビジュアルにこだわった情報掲載が行われています。人をどうやって惹きつけるかを考えることを生業にしているヤフーならではの工夫といえるでしょう。

　3つ目は、盛り上げる工夫です。ヤフーでは、各部門が実施したリスクマネジメント活動の成果を半期に一度、全社的に集まって報告することになっています。単に「これがリスクでした。こういう計画でした。この計画を、何パーセント遂行しました」というだけのとおり一遍の発表だけでは、おもしろくありません。そこでヤフーでは、ERM導入当初から、報告会を盛り上げるための仕掛けを行ってきました。
　たとえば、単に発表を一方的に聞くのではなく、その内容に対する、リスクマネジメント専門部隊としてのフィードバックをリスクマネジメント部から発表部門に対して返すようにしています。また、各部門の発表内容を聞いた人たちが投票を行い点数化し、ランキング化したのです。しかも、こうしたランキング手法も盲目的

に実行し続けるのではなく、運用の年月を積み重ねる中で改善を行っています。

　今日では、偏差値に似た数値を出すなど、各部門の取組みレベルが、他部門と比べて相対的にどの位置にあるのかが、さらに分かりやすく伝わるようになっています。

　さらに、遊び心も忘れていません。活動内容がすばらしいと思われた組織に対しては、ちょっとした賞品などをプレゼントすることもあるそうです（写真は、リスクマネジメント部門が用意したリスクどら焼き）。こうした仕掛けは「競争するのが好き」というヤフーの文化も手伝って、関係者のやる気醸成に一役買っています。

リスクどら焼き

　4つ目の工夫は、質向上の工夫です。いくらおもしろく盛り上がっても、リスクマネジメント本来の中身が伴わなければ、意味がありません。各部門の取組みの中で、特に全社に共通して役立ちそうな内容を、全社に広める工夫をしています。

　すでに説明したように、半期に1度の報告会は、全国から何十部門のリスクマネジメント担当者が一堂に会して発表を行います。ただし、仮に1部門あたり5分の発表だったとしても、丸1日かかるボリューム感です。

　そこで、ヤフーでは「リクエスト報告会」という制度を設けています。これは報告会の際に「あの部門の活動をもっと知りたいと思った」といった参加者の声を拾い集め、声の多かった発表内容について、時間をかけてテーマを掘り下げる機会を設ける制度です。もちろん、聞き手のニーズを上手に捉えて、リクエスト報告会自体も盛り上がるような工夫をしています。

リクエスト報告会の様子

　リスクマネジメントは、何かというと、暗い、おもしろくない、評価されない活動として評されがちですが、こうしたヤフーの活動を見ると、まだまだ世の中にはそれぞれの組織でできる努力がいくらでもありそうです。

日産自動車の場合

　日産自動車株式会社（以下、日産グループ）は、世界およそ20か国の地域で自動車を生産し、170を超える国々で販売を行っているグローバル企業です。

　そんな日産グループの特徴は、1990年代後半の倒産の危機からV字回復を成功させた企業であること、グローバル展開をしている企業であること、目標必達意識が強い組織であること、そして目標達成を果たすために、さまざまな組織との連携を惜しまないことです。なお、連携先としての代表格は、フランスのルノー社や三菱自動車です。こうした提携を図りながら、世界での自動車販売台数で1位・2位を争うほどの結果を残しています。

企業概要[*5]

会社名	： 日産自動車株式会社
代表者名	： 社長兼最高経営責任者　西川　廣人
主な事業内容	： 自動車の製造・販売、および関連事業
資本金	： 5,631,717百万円（2017年3月31日現在）
従業員数	： 137,250人（連結ベース、2017年3月31日現在）
設立年月日	： 1933年12月26日
拠点	： 世界20か国／地域で生産、170か国以上で販売

　組織は、マトリックス組織を採用しています。全世界の拠点を統括するグローバル本社のもと、機能／地域／商品の3つの軸での管理体制を設けています。地域に関しては、全世界を6地域に細分化し、管理を行っています。

　なお、機能のうち、研究・開発、生産・物流、購買、人事など、高いシナジー効果が期待できる業務については、ルノー社と機能統合を行っています。子会社管理体制についてもグローバルに機能軸による管理がなされています。日産グループ本体で各責任者を決め、責任者は管理対象にある子会社の会議体にも参加し、子会社の状況を管理します。

---

*5　2017年3月31日時点での公開情報に基づく。

グローバル本社 ←	地 域 軸					
	日本・アジア・大洋州	中国	北米	中南米	欧州	アフリカ・中東・インド
機能軸 販売・マーケティング						
研究・開発						
生産・物流						
購買						
経理・財務						
人事						
販売金融						

※上記に加え、商品軸での管理が存在する。

など

ルノー ＜パートナー＞

日産グループ組織における管理軸

そんなグローバル企業が、リスクマネジメントについてはどのような舵取りをしてきたのか、そこにはどんな課題や苦労があったのか、今現在はどのような体制で運用をしているのかを見ていきたいと思います。

● 日産グループが ERM に取り組む理由

日産グループでは、2006年頃に全社的なリスクマネジメント（ERM）活動を本格化させました。日産グループにおいて ERM を導入することになった理由は、大きく2つあります。1つは、日産グループにおいてリスクマネジメント活動が役に立つという実績を残してきたこと、そしてもう1つは、日産グループを取り巻く内外の環境変化があります。

1点目の「リスクマネジメント活動が役に立つという実績を残してきたこと」については、顕著な事例があります。それは災害対策です。日産グループは2000年頃から日本の地震リスクを課題と捉え、調査・分析を進め、数百億円の投資を通じて、工場の耐震強化などの対策に取り組んできました。

こうした対策が功を奏し、2011年の東日本大震災時も壊滅的な打撃を受けることなく、ビジネスを再開するに至りました。これは決して偶然がもたらした結果ではなく、必然の結果でした。なぜなら、この災害対策の裏には、関係者の緻密なリスクアセスメントと、当時のトップであったゴーン会長の合理的な意思決定があったからです。

日産グループが ERM を導入することになったもう1つの理由は、日産グループを

取り巻く内外の環境変化にあります。日産グループを取り巻く社外環境は、企業のリスクマネジメント活動を重視する環境になりつつありました。

具体的には、2004年には一部上場企業が発行する有価証券報告書の中に、企業が持つ重大なリスクを開示することが義務付けられるようになりました。そして、2006年には会社法の改定により「リスクマネジメントを含めた内部統制システム」の整備が求められるようになりました。さらには、社会的責任（CSR）における企業の格付け制度などの充実化も、企業のリスクマネジメント意識を高めるのに影響を与えたと思われます。

他方、日産グループの内部環境にも変化がありました。ひところのいわゆる「集中治療室に入院している状態」から、「持続性ある、利益ある成長を目指せる状態」に脱しつつあったのです。

これはつまり、「リバイバルを目的とした有事のリスクマネジメント」から「サステナビリティを目的とした、平時のリスクマネジメント」への変化を迫られていたということです。こうした社内外の環境変化に後押しされる形で、日産グループにおいても、本格的なERMが導入されることになったのです。

● 日産グループにおける全社的リスクマネジメント（ERM）の体制

日産グループには、独立別個のリスクマネジメント委員会も、リスクマネジメントのための専門部署もありません。「ない」というと語弊がありますが、元々組織の中にあった体制をそのまま活用する形をとっています。日産グループでは、経営会議（CEOが議長、副社長以上の役員で構成）をリスクマネジメント委員会として活用しています。また、リスクマネジメント部を新設する代わりに、従来からあったグローバル内部監査室にその役割を持たせています。

リスクマネジメント部門を、内部監査部員が担えるのか

内部監査にあたる部門は、本来、リスクマネジメントの運用ではなく、その運用状況をモニタリングする役割を担うべき組織です。にもかかわらず日産グループにおいて、そのモニタリングを行う部門にリスクマネジメントの運用をさせたのはなぜでしょうか？

日産自動車の場合　201

それは、グローバル内部監査室こそが、毎年の監査計画を立案する過程で、日産グループのリスクについてもっともよく考え、また、もっともよく理解している存在であったからです。
　ただ、モニタリングは独立公平な立場で行われるべきものという考え方に鑑みれば、リスクマネジメントの運用をしながら、リスクマネジメントの運用状況を自らモニタリングすることはできません。
　そこで日産グループでは、グローバル内部監査室にリスクマネジメントの運用の役割を持たせるにあたり、その運用を担う担当者（管理職）をリスクマネジメント専任とし、内部監査をすることがないよう配慮をしています。

　加えて、日産グループにとっての重大なリスクに対しては、リスクオーナーと呼ばれる責任者（原則として経営会議メンバー）と、パイロット（部長クラス）と呼ばれる実働部隊を設けています。パイロットは、いうなれば現場のリスクマネジメント責任者です。そしてこの体制は毎年、見直しが行われます。

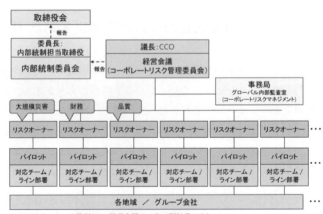

日産グループのリスクマネジメント体制図

● 日産グループにおける全社的リスクマネジメント（ERM）の運用

　日産グループでは毎年度の年初に、経営会議にて日産グループ全体の重大リス

クを決定します。ここでいう重大リスクとは、日産グループ経営陣が、直接管理するリスクという意味を持ちます。

重大リスクの選定は、トップダウン方式で行われます。具体的には、リスクマネジメント事務局にあたるグローバル内部監査室の室長（CIAO：チーフインターナルオーディットオフィサー）および担当者が、日産グループ全役員への個別インタビューを行います。

インタビュー対象者数は50人を超え、1人あたり約30分から1時間を要します。日産グループには子会社も多数ありますが、その重要性に応じて、子会社の社長も一部インタビュー対象に加えています。これにより、延べ350を優に超える数のリスクないし課題が特定されますが、ここから課題分析を行い、最終的には日産グループにとっての重大リスクを10個選び出します。

この10個の重大リスク、すなわちコーポレートリスクが、日産グループが特に力を入れて管理すべきリスクであり、原則として副社長以上の責任者を任命して、必要なコミットをし、その実行にあたることになります。

なお、10個のリスクはインタビュー結果における声の数など量的観点と、会社としての方向性・意思といった質的観点を踏まえて議論され、経営会議で決定がなされます。

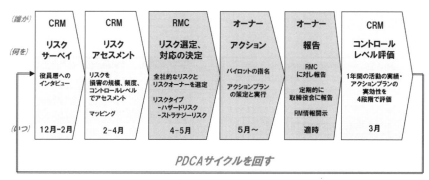

日産グループのリスクマネジメントプロセス

経営会議でコーポレートリスクが決定されると、各リスクに対するリスクオーナーが決定され、リスクオーナーは部長レベルのパイロット（現場のリスクマネジメント責任者）を指名します。

なお、この際の指名は役員の業務分掌によって機械的に行われるのではなく、知

識・技術はもとより、そのリスクに対して本気で取り組む姿勢を持っているかといった観点も考慮され、選出されます。ここには、何かをやると決めた以上は「目標必達を心がけるべし」といった日産グループの文化が現れています。

こうしてコミットメントの強いリスクオーナーから、実際に手を動かすことになる部隊、すなわちパイロットが指名されます。そして、リスクオーナーとパイロットはグローバル内部監査室のサポートを受けながら、二人三脚で重大リスクに対する向こう1年間の目標およびその達成計画を作成していきます。

この計画に基づいて、リスク対応が行われることになります。その進捗については、半期に1度確認が行われます。この進捗確認にあたっては、フォローアップシートと呼ばれる標準化された様式が用意されています。

リスクオーナーおよびパイロットは、この様式に基づいた進捗報告を通じて、半期と年度末のタイミングで状況報告を行っています。報告先は、内部統制担当取締役が委員長を務める内部統制委員会に対して行われ、あわせて内部統制担当取締役会から取締役会への報告もなされます。

ちなみに、フォローアップシートは、「対象とするリスクの定義や範囲」「目標とアクションプラン」などといった項目が設けられているA4サイズのもので、明瞭簡潔な報告が行えるような書式になっています。

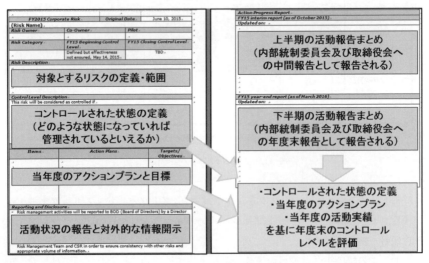

フォローアップシート

なお、リスクマネジメントにおける子会社管理ですが、日産グループ本体のやり方をそのまま子会社に押し付けるという形はとっていません。日産グループに大きな影響力を持つ子会社のリスクは、前段で触れたように役員インタビューなどを通じて洗い出していきますが、子会社の中には上場している企業もあり、自力でリスクマネジメントを行える組織を持っているところは子会社自身でも同様に実践しています。それ以外の子会社については、各社の自主性に委ねています。

　小規模な子会社の場合は、コンプライアンスやJ-SOX、情報セキュリティなど必要最低限のリスクマネジメントの仕組みはすでに導入されていること、人的リソースが限られている中でさらにコーポレートレベルのリスクマネジメントを導入しても、得られる付加価値が相対的に低いこと…。こうした理由から日産グループでは、リスクマネジメントの支援をして欲しいと手を挙げてきた子会社に、適宜アドバイスを行うスタンスをとっています。

● 日産グループ ERM の特徴

　日産グループERMの特徴をひと言で表すなら、「合理性」に尽きると思います。合理性を顕著に表す具体例として、日産グループのとっているリスクマネジメント体制と、トップダウン方式のリスクアセスメントを挙げることができるでしょう。

　「日産グループのとっているリスクマネジメント体制」とは、日産グループのゴーン会長が掲げる「管理のための管理はしない」という精神を体現したものです。既存の会議体とは別の新たなリスクマネジメント委員会を設けない、すでにある部門に加える形でリスクマネジメントの専門部署を作らないのは、その結果です。日産グループの場合、協議するメンバーは経営会議の参加者と何ら変わらないのに、わざわざ別の名称を冠した会議体を設けるのはあまり意味がないというわけです。

　また、グローバル内部監査室こそが日産グループのリスクを考えるのに適切な力量を持っているのに、わざわざ別組織を作るのは非合理的ではないか、というわけです。この合理性は、日産グループとして毎年特定する重大リスクの数にも現れています。日産グループでは、現実的にコントロールできるリスクの数を10として上限を設けています。そもそも、時間も人も有限であるからこそのリスクマネジメントであり、そこに明確な優先順位を付け、上限を設けるアプローチは極めて理にかなった活動です。

1 超初級 編

2 初級 編

3 中級 編

4 上級 編

5 応用 編

日産自動車の場合　　205

「トップダウン式のリスクアセスメント」とは、日産グループの役員自身が日産グループにとっての重要なリスクを提示し、決定するというアプローチを指します。

通常、日産グループほどの組織になると規模が大きいため、役員インタビューというよりは、調査票調査を使っての調査が主流になります。「重要なリスクは何ですか？」という質問を書いたいわゆるリスク調査票を全部門に対して投げ、各部門が考えるリスクに対する考えを回収し、それをリスクマネジメントの事務局がとりまとめて、経営層に報告をするやり方です。

日産グループにおいては、あえてその手法をとらずに、事務局機能を担うグローバル内部監査室の担当者が、役員に個別インタビューを行い、リスク特定を行っているわけです。

この方法では、重大なリスクの見落としが発生するのでは？　という懸念が聞こえてきそうですが、こうしたアプローチをとる背景には、「そもそも重大なリスクであれば、日産グループの舵取りをする役員として知っていて当然」という考え方があります。だったらわざわざ部門長に聞くのではなく、役員に直接聞いてしまえ、という合理的なアプローチです。

このアプローチには副次的なメリットもあります。インタビューでは単に「リスクが何か？」といったことだけでなく、「もっとこの部分を監査して欲しい」といったグローバル内部監査室に対するリクエストの声も拾えるからです。また、役員がもっとも気にしている声を基にリスクを特定していくため、そこから得られたリスクは、経営目線に近いものであり、より腹落ちしやすいものとなります。

こうした取組みの成果として、2009年からDJSI（ダウ・ジョーンズ・サスティナビリティ・インデックス：米国ダウ・ジョーンズ社とスイスのRobecoSAM社による社会的責任投資株価指標）のアジアの構成銘柄に選定され、2016年には世界の銘柄に組み入れられています。またMoody'sなどの格付けがランクアップするなど、企業価値向上につながっています。

応用編

10 時間目

それでも起きる大事故、なぜなのか!?

11 時間目

それでも起きる想定外、どう立ち向かえばよいのか!?

12 時間目

総括

10時間目

それでも起きる大事故、なぜなのか!?

日々のニュースに目を向けると、企業の大事故・不祥事はあとを絶たないのが実状です。では、こうした企業ではリスクマネジメントを実施していなかったのでしょうか？ こうした大事故や不祥事を防ぐために、企業は何に気を付けてリスクマネジメントを行えばよいのでしょうか？

リスクマネジメントの病

いろいろと学習してきたが、どうだろう。実際のところ、リスクマネジメントは企業で役立っていそうかな？ 企業の事件・事故、これらは減ってきているかな？

企業の事件・事故は、日々、何かしら耳にすることがあるので、減ってきているかどうかといわれれば、そうじゃないんじゃないかな。

そうよね。大手通信教育会社の情報漏えい事故や、大手広告代理店の過労死事件…。むしろ、たくさん起きているイメージだわ。

まぁ、次の表を見てもらうと分かるが、毎年何かしら大きい事件・事故が起きているよね。

あとを絶たない企業の事件・事故

企業名	年／月	事件・事故概要
雪印	2000年6月	雪印集団食中毒事件
BP	2010年4月	メキシコ湾原油流出事故
さくらインターネット	2011年12月	クラウドサービスの3か月超の長期障害
ファーストサーバ	2012年6月	サーバデータ消失事件
JR北海道	2013年11月	類似事故多発＆検査データ改ざん
ベネッセ	2014年6月	委託先子会社からの大量の個人データ流出
マクドナルド	2014年7月	委託先(中国工場)による著しい品質違反
東洋ゴム	2015年3月	耐震ゴムの意図的なデータ改ざん
東芝	2015年5月	粉飾決算
フォルクスワーゲン	2015年9月	排ガスデータ改ざん時価4兆円喪失
旭化成建材	2015年10月	マンション傾斜につながるデータ改ざん
三菱自動車	2016年4月	自動車燃費データ改ざん
電通	2016年9月	過労死事件
DeNA	2016年12月	キュレーションサイトの信頼性および著作権侵害問題
アスクル	2017年2月	物流倉庫の火災
富士フイルム	2017年4月	海外子会社の不適切な会計処理

企業名	年／月	事件・事故概要
ヤマト運輸	2017年6月	数百億円の残業代未払い問題
タカタ	2017年6月	エアバッグ事故をきっかけとした大量リコールに伴う倒産

そこで改めて2人に聞きたいが、今挙げてくれた事例企業は、リスクマネジメントをやっていなかったと思うかい？

はっきりとしたことは分からないけれど、曲がりなりにも大企業だし、私は、やるべきことはある程度やっていたと思うわ。

僕もそう思う。

程度の差こそあれ、リスクマネジメントに取り組んでいたはず。それなのに、大事件・事故は起きた。だとすると、それは一体、なぜだろう？

なぜでしょう？　そう言われると確かに興味あるわ。

企業それぞれで何か特別な事情があったんじゃないのかな。

もちろん、これら事例の要因はさまざまだ。だが、そこには共通点もありそうなんだ。一種の病だ。だから、私はそれを「**つもり病**」と名付けた。

「つもり病」？　何でしょうか、それは…。

どの企業もかかる可能性のある病だ。具体的には、"つもり病"には次の3つの代表的な症状を伴う。

- 学習していたつもり
- 対策を打っていたつもり
- 仕組みを入れていたつもり

リスクマネジメントの病　211

学習していたつもり

 ハインリッヒの法則って聞いたことがあるかい？

 音楽家の名前？

 ぶー。1件の重大事故の裏には29件の軽微な事故があり、29件の軽微な事故の裏には300件のヒヤリハットがあるという法則のことさ。転じて、ヒヤリハットや事故をバカにせず、小さな事象から真摯に学び、将来の大事故発生を防ごう、そういった意図が含まれる。

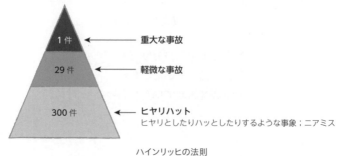

ハインリッヒの法則

先ほどの事例企業では、それができていないから大事故が起きたということでしょうか？

そうだ。だが、ここで私が挙げる「**学習していたつもり**」というのは、もっとタチの悪いものだ。ヒヤリハットや軽微な事故どころか、**大事故からすらも学べていない**という意味だ。

本当かなぁ。

少し前になるが、乳製品を製造販売していた大手食品メーカーが、1万人を超える規模の集団食中毒を起こした事件を知っているかい？

私、知っている。確か工場で停電が起きて、電力復旧後、停電中に繁殖した菌を考慮せず、そのまま生産を再開したら、案の定、集団食中毒を引き起こしてしまったという事件ですよね。

その企業はその後どうなったの？

事故を起こした会社は解散したよ。

えっ!?　その1回の失敗だけで!?

いや、その1回だけじゃない。その直後にも牛肉偽装事件を起こして、完全に消費者の信頼を失ってしまったんだ。だが、そこにはもっと大きな問題が隠れていたんだ。実は、まったく同じ集団食中毒事故を、はるか昔に起こしていたんだよ。

大手食品メーカーの最初の事故から会社解散までの流れ

えー！ その企業には2回も反省するチャンスがあったのに、それをいかせなかったというわけですか。しかも、そのうちの2回は同じ事故なのだから、確実に防げたはずなのに…。

そう。事故からの学習ができていなかったんだ。数十年前に起きた集団食中毒の事故にいたっては、社内で完全に風化していたんだろうね。

痛みを1回経験してるのに…もったいない。

でも、こうした例は少なくないんだよ。鉄道会社やタイヤメーカーの事故は、2度どころか3度も4度も繰り返されている。ほんの7年前に起きた大事故のことを、約半数の役員が知らなかったという企業もあった。

この「**学習していたつもり**」の病にかからないようにするためには、どうしたらいいんでしょうか？

第一に、**事件・事故を風化させないこと**だ。起きた事故を物語の形で記録に残して幹部向け学習教材として使ったり、事故の日をメモリアルデーにして毎年イベントを開催したり…。

ふむふむ。

第二に、**事故の再発防止策の検討のすべてを、現場任せにしない**ということだ。

どういうことですか？

常に現場任せにすると、再発防止策の話が「明日からどうする？」という近視眼的な対策の話ばかりになりがちだからさ。現場は、日々の業務に追われて忙しいしね。現場にも「将来、同じ事故を起こさないようにはどうしたらいいか？」という大局的な視野を持ってもらうべきだが、それを担保する意味でも、経営層が何らかの形で関与すべきだと思うよ。

なるほどです。

いずれにしても、学べるチャンスをいかせていない企業、つまり「学習したつもり」になっている企業こそが、大事故を起こしているということ。勉強になりました。

対策を打っていたつもり

大手通信教育会社で起きた個人データ漏えい事件を覚えているかな？

お客様の個人データを管理していた委託先子会社のスタッフが、不正に3,500万件のデータを持ち出して名簿業者に販売、企業が多額の損失を被ったという事件ですよね。

 従業員が何百人もいればそういう人もいるんじゃ？　魔が差したっていうか。

 でも、それで会社が潰れたらシャレにならないわ。

 従業員が疲弊していたからとか、技術的な抜け穴があったからとかいろいろと言われているが、これをリスクマネジメントの観点でひも解いてみたい。この企業は、社内犯行というリスクを想定しなかったと思うかい？

 想定していなかったということはないと思うわ。だって、実は社内犯行による事故が多いって何かの記事で読んだことがあるもの。

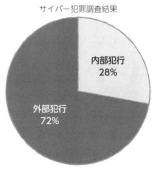

サイバー犯罪における内部犯行・外部犯行の比率[*1]

そう。間違いなく言えるのは、**内部犯行による個人データ漏えいリスクを想定していなかったわけではない**ということだ。

じゃあ、なぜ事故が起きてしまったのかしら…。

事故報告書[*2]によれば、社内犯行を想定して、不正なデータの転送があれば、部長にアラートメールが飛ぶシステムを導入していたという話だ。でも、それが動作しなかった。

なぜ？　設定ミス？

設定ミスというか、設定していなかったんだ。

えええ！　それでは、起こるべくして起こったということですか。

これだけが原因ではないがね。ただ、ここで伝えておきたいのは、原因の1つに「**対策を打っていたつもり**」があったということだ。同じ例は枚挙に暇がない。

他にはどんな事例がありますか？

大手ファストフードチェーン店の中国工場期限切れ鶏肉事件だって同じだ。

[*1]　【出典】2014 US State of Cybercrime Survey による。
[*2]　「個人情報漏えい事故調査委員会による調査結果のお知らせ」(2014年9月25日) より。

 あれは確か、中国に工場を持つ企業に委託をしていたんだったわね。で、そこの工場の品質管理がずさんなことがメディアにすっぱ抜かれて、企業ブランドも売上も一気に下がった事件だったわ。

 この事例でも「**対策を打っていたつもり**」が起きていたと？

 そうだ。委託生産をする以上、そこに何らかのリスクがあるということはある程度想定していたはず。そうでなければ、立ち入り監査を行ってはいなかったはずだ。

 あら、じゃあ、立ち入り監査をしていたんですね。にもかかわらず、ずさんな品質管理を見抜けなかったのはなぜかしら。

 監査情報が事前に漏れ、監査のときだけ偽装をされてたんだ。

 監査のときだけ、いい子ぶっていたと？

 そう。言ってみれば、**定期的な立ち入り監査をするという対策が機能していなかった**ということになる。

 まさか、偽装までして誤魔化すなんて思わないわよね。

 だが、偽装が起きた。そして。組織にとてつもない影響を与えた大事故につながった。これは事実だ。

つまり、「**リスクが認識されていなかったのが問題なのではなく、対策が役に立っていると思い込んでいたのが問題**」というわけか。

そういうことだ。

へー。大事故のほとんどは、リスクを認識できていなかったから起きたのかと思っていた。そうじゃなく、対策のほうにこそ問題があったんだ。目からウロコ…まじで。でも、これ、どうやったら解決できるのかな。

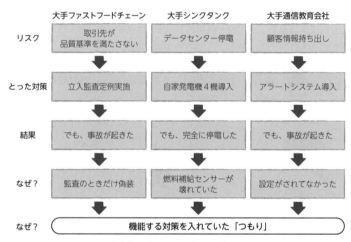

大事故の原因の1つは「つもり病」？

対策を入れっ放しにせず、その対策が本来の役目を果たしているかどうかを確認することが大事ということですよね。

この前の授業で習った**効果測定**というやつか。

そうだ。企業では何かと「洗い出し漏れのリスクはないか？」ということばかりにこだわっているが、実は、「**役に立っていないルールはないか？**」という問いかけのほうがはるかに重要だ、ということだ。

勉強になりました。

仕組みを入れていたつもり

釣りでもゴルフでもテニスでも、立派な道具を買って、うまくなった気になることってないかい？

あ、それ僕だ。そういうのはよくある！

リスクマネジメントでも同じことが言えるんだ。仕組みを入れて、もうできた気になってしまう。だが蓋を開けてみると、リスクアセスメントの表を完成させることが目的になっていて、中身が伴っていないことも多い。ひどいときは、数年前から活動が停止していましたというケースもある。

個人で付ける日記じゃあるまいし、組織でなぜ、そういったことが起こってしまうんでしょうか？

リスクマネジメントをやる意義が感じられないからだ。

どうして意義を感じられなくなっちゃうのかな。

では質問だが、君らが今回、上司から「リスクマネジメントについてしっかり勉強してきてくれ」と言われたときにどう思った？

やれって言われたから、やるしかないんじゃないかと…。

やってもそれがどう給料に結び付くかイメージがわかないけれど、やったら将来何かの役に立つかなと思ったかなぁ。

2人の回答は、世の中でリスクマネジメントをやっている多くの人にそのまま当てはまる。そもそも、**リスクマネジメントは「暗い」「おもしろくない」「褒められない」の3拍子が揃っている**からね。

 動機付けが足りないから、すぐに形骸化してしまうと？

 そうだ。大げさな話ではなく、ほとんどの企業でこうしたことが起こっている。仕組みを入れて、上司が命令をすれば当たり前のようにリスクマネジメントが回るものだと思っている。

 まさに、「**仕組みを入れていたつもり**」ってやつだな。

 こうした活動は、「私は本気だぞ！」というトップマネジメントの姿勢が重要になる。最悪なのは、リスクマネジメント絡みの会議になると、トップが遅刻したり、代理を出したり、声明文の発表を事務局任せにしたり…。それではトップのやる気が伝わらないよ。

 本気であることを伝えるって、たとえば、どんな風なやり方があるでしょうか？

 トップ自らがその重要性を説く、一生懸命やっている人を表彰する、活動の成果を見える化する、書類のやりとりで済ませずグループディスカッションの場を設けるなどの刺激ある活動にするなど、いろいろある。

そんなことまでしなきゃ、リスクマネジメントが回らないなんて面倒くさいなぁ。

別にリスクマネジメントに限った話じゃないさ。組織や人を動かすっていうのはそういうことだ。ツールをちょこっと入れただけで改善するくらいなら、企業の大事故なんて起きてないよ。

そこを疎かにしているから、リスクマネジメントをやっているはずの大企業で、大事故が起きるっていうわけね。納得感があるわ。

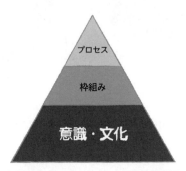

企業におけるリスクマネジメントは何が重要か？

いくらテニスラケットが立派でも、それを使う人のテクニックや意識が伴ってなければ話にならない…と、そういうことか。

分かったかな。では、ここで休憩にしよう。

大事故を起こさないためのコツ

　大事故を起こす企業には3つの特徴があります。1つ目は、過去の事故から「学習していたつもり」になってしまっていること。2つ目に、役に立つ「対策を入れていたつもり」になっていること。そして3つ目は、「仕組みを入れていたことで、すべて解決したつもり」になっていること。

　授業の中では、こうした問題を回避するためのさまざまな工夫についても触れられていましたが、これらをもう少し体系的に見ていくとどうなるでしょうか。以下に示した図は、企業において全社的なリスクマネジメント（ERM）を行う際に、考慮が必要な要素のすべてを表しています。

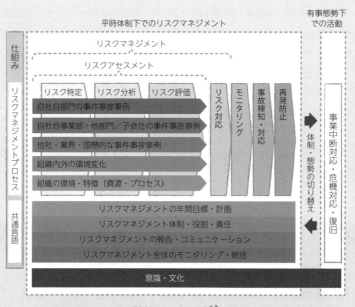

ERMフレームワーク*3

　たとえば、「共通言語」と書かれている箇所にあるリスクマネジメントの年間目標や計画、体制・役割・責任などは、企業において全社的に設定することが望ましい要素の1つです。

　また、「リスクマネジメントプロセス」にある「リスク特定」や「リスク分析」は、これまでに何でも登場した活動要素です。そして、「リスク対応」や「モニタリング」も、事故が起きてしまったときの対応や再発防止プロセスもすべて必要な要素であるといえます。

　企業には、こうした要素が1つ欠けてもダメですし、偏って運用をされていてもダメです。かつ、図の中の色が濃い箇所ほど、企業は力点をおいて実行すべきエリアだといえます。残念ながら、多くの企業において、色が薄いエリア、たとえば、網羅的にリスクを洗い出す活動や大きさの算定などに時間が割かれています。

---

*3　ニュートン・コンサルティング社が数多くのコンサルティング実績に基づき、独自開発した全社的リスクマネジメント（ERM）のフレームワーク。

ですが、これまでの授業でも触れられていたように、実際に起きている事故の多くが、「リスクが洗い出されていなかった」ことよりも、「認識され、導入された対策が機能していなかった」ことに起因しています。また、社内ルール以前に、リスクマネジメントをしっかりやらなければならないという意識をもたせることも大事です。図中でいえば、これは「意識・文化」にあたります。

　企業がリスクマネジメントにおいて力を入れるべきは、多くの企業がやっていること（ERMフレームワークの色が薄いエリアの活動）と本来は逆のことなのです。こうしたことを念頭においたリスクマネジメントの構築や推進がとても重要なのです。

10時間目のまとめ

リスクマネジメントの病

☐ リスクマネジメントをやっているはずの企業で大事故が起きてしまうのは、3種類の症状「学習していたつもり」「対策を打っていたつもり」「仕組みを入れていたつもり」を伴う「つもり病」に侵されているからである

学習していたつもり

☐ 実は大事故からすらも学べていない組織が多いことを認識すべき

☐ 大事故からの学習を促進するためには、「事件・事故を風化させないこと」「事故の再発防止策の検討のすべてを、現場任せにしない」などといったことが大事である

対策を打っていたつもり

☐ 実は、「リスクが認識されていなかったのが問題なのではなく、対策が役に立っていると思い込んでいたのが問題」であることが多い

☐ こうした課題を解決するためには効果測定が大事である

仕組みを入れていたつもり

☐ リスクマネジメントは、「暗い」「おもしろくない」「褒められない」の3拍子が揃っている

☐ トップ自らがその重要性を説く、一生懸命やっている人を表彰する、活動の成果を見える化する、書類のやりとりで済ませずグループディスカッションの場を設けるなどの刺激ある活動が重要である

11時間目

それでも起きる想定外、どう立ち向かえばよいのか!?

どんなに立派なリスクマネジメントを行っていても、どんなに一生懸命活動をしていても、絶対に事故が起きないということはありません。東日本大震災でも、熊本地震でも、最大の学びは「常に想定外のことが起こる」という事実でした。では、その事実を企業はどのように受け止め、どのような手を打てばよいのでしょうか?

想定外に対する最初の砦…BCP

突然だが、南極越冬隊って知っているかな？ 南極で1年間、観測を続ける部隊だが、現場では想定外が起きるのはしょっちゅうだったそうだ。隊長を務めたこともある西堀栄三郎さんという方が、次のように述べたそうだ。「**想定外への最大の備えは、想定外はいつ起きてもおかしくないものだと意識していくことだ**」と。

「どんなにリスクマネジメントを頑張っても、想定外の事態に見舞われることもある、それを意識しておけ」とおっしゃりたいんですか？

そうだよ。そして想定外にも備えをしておこう、ということを言いたい。

想定外は必ず起こる

でも、そもそも想定できないものに備えをするなんてこと、できるんでしょうか？

できる。しかも2段構えだ。まぁ、想定できないって言っても程度ってものがあるしね。

2段構え!?

1段目は、**普段は滅多に起こらないが、でも起こり得る最悪の事態を想定した備え**だ。2段目は、**本当にあり得ない事態が起きてしまった場合に対する備え**だ。前者を**事業継続計画（BCP）**と呼び、後者を**危機対応計画**と呼ぶ。

BCPって、リスク洗い出しの授業のときに何回か出てきたものですよね。確か、人命保護と事業継続の2つの目的を果たすためのものだ、そうおっしゃっていました。

そうだったね。BCPは事業継続を脅かすリスクのことだ。事業の継続を脅かすくらいだから、相当な事態ではある。想定外とまでは言わないが、それに近いものではあるだろう。

では改めて聞きますが、そのBCPでの備えって、具体的には何をすればいいんでしょうか?

逆に、質問だ。事業継続を脅かすリスクって、どんなものがあるだろう?

大地震とか!?

では、大地震が起きた場合の最悪の事態って何だろう?

大勢の人がケガをしたり、停電が起きたりとかじゃないでしょうか。

では、地震が起きて、本社で1週間の停電が起きた。人も半分しか出社できない。そうなったときに困らないようにするため、今からできることは何だ?

出社しなくても自宅で仕事をできるようにしておくとか、遠方の拠点で仕事を引き継げるようにしておくとかかしら。

想定外に対する最初の砦…BCP 227

な、こうやって備えをするのがBCPだ。

事業継続計画(BCP)の具体的な中身

　事業継続計画（BCP）は、事業継続を脅かすリスクが現実に起こった際に、事業を速やかに復旧・再開させるため、平時から用意しておく備えを指します。備えとは、有事の行動計画を示した文書でもあり、具体的に用意しておく資機材や代替手段のすべてを意味します。

　事業継続計画（BCP）は、大きく3つの要素から構成されます。

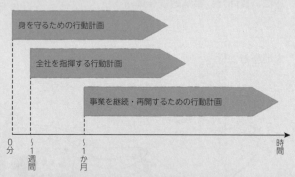

事業継続計画(BCP)の3要素と時間との関係

　1つ目は、被災した場にいる人たち自身が、自らの命や現場の安全確保のためにとる行動であり、防災計画や緊急時対応計画などと呼ぶこともあります。たとえば、避難や負傷者救護、二次災害防止などがこれに該当します。

　2つ目の要素は、会社全体の指揮命令系統を確立し、全社の動きをコントロールする行動計画です。いわゆる災害対策本部に関連した行動計画です。被災拠点への後方支援や、取引先をはじめ主要な利害関係者とのコミュニケーション、会社としての重大な意思決定を図るための行動計画です。

　3つ目の要素は、中断または中断しかかっている主要事業を再開／継続・復旧させるための行動計画です。たとえば、ITシステムがダウンした際に手作業で業務を継続させるための体制を整備したり、要員が普段の半分しか稼働できない場合に別拠点への機能移転を図ったり、復旧のために人的リソースを集中的に投入したりするなどの備えがこれに該当します。

なるほど。分かりやすい！しかも、「1週間も停電が起きたときにどうする？」なんてこと、こんなアプローチでもしない限り、普段は絶対に考えないよな。

 本当にそうね。こういう備えはやっておいても損はないわね。

 よろしい。ではいったん休憩にするとしよう。

ISO22301とその活用方法

BCPにもISOマネジメントシステム規格が存在します。ISO22301と呼ばれる国際規格です。BCPの効果的な運用を実現するために、組織が順守すべき必要最低限の項目が記載されています。具体的には下記項目がカバーされています。

ISO22301規格要求事項全体の構成

1	適用範囲		
2	引用規格		
3	用語及び定義		
4	組織の状況	4.1	組織とその状況の理解
		4.2	利害関係者のニーズ及び期待の理解
		4.3	事業継続マネジメントシステムの適用範囲の決定
		4.4	事業継続マネジメントシステム
5	リーダーシップ	5.1	リーダーシップ及びコミットメント
		5.2	経営者のコミットメント
		5.3	方針
		5.4	組織の役割，責任及び権限
6	計画	6.1	リスク及び機会に対応するための処置
		6.2	事業継続目的及び達成計画
7	支援	7.1	資源
		7.2	力量
		7.3	認識
		7.4	コミュニケーション
		7.5	文書化した情報

想定外に対する最初の砦…BCP 229

8	運用	8.1	運用の計画及び管理
		8.2	事業影響度分析及びリスクアセスメント
		8.3	事業継続戦略
		8.4	事業継続手順の確立及び導入
		8.5	演習及び試験の実施
9	パフォーマンス評価	9.1	監視,測定,分析及び評価
		9.2	内部監査
		9.3	マネジメントレビュー
10	改善	10.1	不適合及び是正処置
		10.2	継続的改善

【出典】日本規格協会発行ISO22301:2012 邦訳版

　1章～7章、9章、10章は、どのISOマネジメントシステム規格でも要求される共通の要求事項が示されています。本規格の特徴をもっとも表している箇所が8章「運用」です。ここには、事業継続計画（BCP）の策定方法や有効性を高めるための活動（例：分析や事業継続戦略の策定、演習など）に関わる要求事項が記載されています。

　具体的には、主要業務の特定をすること、その復旧目標を決めること、主要業務を支える経営資源を洗い出すこと、経営資源に関する復旧目標やその他要件を決めること、そしてその経営資源に関するリスクアセスメントを行い、対策を用意すること、その対策の実行にあたっては手順を文書化すること、手順は必ず訓練をしておくことなどについて記載されています。

　ISO22301にはこのように、事業継続計画（BCP）を考えるにあたって実施すべき事項が、それを考える順番に沿って記載されているので、本格的にBCPを検討する組織には有益なリスクマネジメントツールの1つということができるでしょう。

想定外に対する最後の砦…危機対応

 ハリケーンカトリーナって知っているかい？

アメリカのニューオーリンズで起きた大規模なハリケーン災害ですか？ 確か2005年頃だったような。

そうだ。ルイジアナ州で起きた超弩級のハリケーン災害だ。ハリケーンが起きたときにどう対応するかは、だいたい決まっている。その州の政府が指揮を執ることになっている。

ひんぱんに起きている災害だと、自然にそうなりますよね。

ところがカトリーナのときには、そうした備えが機能しなかった。なぜだか分かるかい？

想定外のことが起こった!?

そうだ。カトリーナのときは、指揮を執るはずの州政府自体が機能不全に陥ってしまったんだ。水没してしまったからね。

なるほど。お陰で想定外のイメージがわきましたが、このときは結局どうなったんですか？ 気になります。

沿岸警備隊が介入した。沿岸警備隊の指揮のもと、事態の収束にあたったそうだ。そのときのリーダーは、約2,000人以上の関係者を一部屋に集めて、次のような指示を出したとのことだ。

> **ハリケーンカトリーナに対峙したリーダーから出た実際の指示**
>
> 「自分に助けを求めてきた者には、自分が一番大切に思う人達（家族であるとか、親友であるとか）にとるであろう対応と同じ対応をしなさい。そのような行動をとって失敗しても想定される事態はせいぜい2つだけだ。1つは、やり過ぎ（てリソースを無駄に使ってしまう可能性があるということだ）。しかし、やり過ぎは構わない。どんどんやりなさい。もう1つは、誰かがケチをつけてくることだ。しかし、そのような文句があっても、それは全て私の責任だ。気にしないで積極的に行動しなさい。」

【出典】ハーバード・ビジネス・レビュー 2010年11月号 "You have to lead from everywhere" より

え!? 指示はそれだけ？ 危機対応ってそんなのでいいの？

いやいや、もちろんこれだけじゃないよ。ただ、**指示の出し方がシンプルなのは、危機対応時の鉄則**だ。こういう不測の事態下では、いろいろな組織が連携して動くし、コミュニケーションもいつとれなくなるか分からないから、むしろシンプルなほうがいいんだ。

では、そうした心構えを持つことも危機対応のあり方だということですか？

そうだ。加えて、州政府が機能しなくなったときに誰が動くのか、通信手段はどうするのか、誰とコミュニケーションをとるのか、指示を出す際にはどういったことを心がけておけばいいのか…など、裏にはこうした備えがあったはずだ。

確かに。ある程度の備えがなければ、冷静に対応できないわなぁ。

あ、あと、危機対応にはメディア対応も含まれる。

メディア対応？

有事のこの忙しいときに、わざわざメディア対応をしたりしますかね？

メディア対応はとても大事なんだ。利害関係者と情報を共有する有効な手段の1つだからね。しかも、誤った対応をすると、メディアからバッシングを受けたり、風評被害にもつながりかねない。

そういえば、事故対応の責任者が責任を問われているのに、半ば逆切れ気味に喋っているシーンをテレビの再放送とかで観たことがあるわ。

そういうこと。要するにだ…。危機対応は「有事であり、比較的大規模な事件・事故・災害であり、どんなことが起きるかが想像しづらいもの・したとしても備えづらいもの」への対応ではあるが、やれることはいっぱいある。

危機対応に向けての事前検討事項

- 誰が集まるか？
- どこに集まるか？
- どうやって集まるか
- 何を情報収集するか？
- 何を意思決定するか？
- どのステークホルダーと連絡をとるか？
- コミュニケーション手段はどうするか？
- メディア対応はどうするか？
- 不祥事の場合の第三者調査委員会設置基準はどうするか？
- 専門家チーム編成はどうするか？

やれること、結構あるんだなぁ。勉強になる。

私も。ここまで準備しておけば、確かに安心ね。

そういうことだ。

危機対応（メディア対応編）

メディア対応は、不測の事態が起きた際に、利害関係者に対して適切な情報発信をする手段として有効ですし、社会に少なからず影響を持つ存在としてメディアの問いかけに答える義務があります。

BCPのISOマネジメントシステム規格であるISO22301でも、メディア対応について言及しています。具体的には、「コミュニケーション戦略」「メディアに対する優先連絡窓口」「メディアに対する声明文を作成するための指針又は雛形」「適切な広報担当者」をあらかじめ、計画として定めておくことを求めています。これは危機対応でも同じです。

なお、上記以外にもメディア対応にあたっては気を付けるべきポイントがあります。ここではその代表的なポイントを紹介しておきます。

● 記者会見

- 組織のトップが前面に出る
- 服装や立ち居振る舞いに気を付ける
- 質問が出尽くすまで対応する（途中で打ち切らない）
- 話し方に気を付ける
  - 専門用語は使わない
  - 「はい／いいえ」をはっきり言う
  - 個人的見解を言わない
  - 感情的にならない（挑発に乗らない）
- 記者会見を能動的に取り仕切る
  - 可能なら、こちら側が記者を集める
  - 質問ルールを決める（1人一問一答にする）
  - 質問者には必ず氏名・所属をはっきりと述べてもらう

● その他
- 利害関係者がもっとも見る可能性のある媒体に情報を掲載する
- 広報担当者（スポークスパーソン）を1人に統一する

危機対応のISOマネジメントシステム規格

危機対応にもISOマネジメントシステム規格があります。ISO22320という規格で、正式名称「社会セキュリティ-緊急事態管理-危機対応に関する要求事項」です。当該規格における危機対応の考え方は、「**指揮・統制**」「**活動情報**」「**連携・調整**」の3つより構成されています。

「**指揮・統制**」とは、危機対応の目的・目標の設定をはじめ、要員の役割や責務、行動規則の制定、必要な資源の管理など、幅広い活動を指します。中でも、指揮・統制における体制・役割・責任は、危機のレベルによって連携範囲が変わるため、そのレベルを定義することを求めています。次の表は、その一例です。

危機対応レベル別の指揮・統制の体制

危機レベル	危機レベルの説明	指揮調整レベル
レベル1	予め規定された初動対応方式に従って対応できる事案	戦術的指揮や任務レベルでの指揮。時に戦術的連携による監視及び支援を受ける
レベル2	被災した組織がもつ資源を投入すれば対応できる事案	戦術的指揮調整及び連携
レベル3	被災した組織がもつ資源に加えて、事前の相互応援協定により近隣組織からの支援を受け対応できる事案	管轄区域内での活動に関する戦略的調整及び連携
レベル4	被災した組織がもつ資源に加えて、被災した地理的管轄区域内にある全ての組織からの支援を受け対応できる事案。この支援は、活動調整センターの利用を通じて提供されることもある	管轄区域内の内部及び隣接区域の戦略的指揮調整。ときに戦略レベルによる監視を受ける
レベル5	提供されるあらゆる救援を用いて危機対応がなされる事案。この場合には、被災地を持つ中央政府が、二国間条約及び国際機関で規定する既存の手順を使って支援する	管轄区の内部、及び隣接区域の戦略的指揮調整。戦略レベルによる支援、そして直接介入さえも必要となる場合もある

【出典】ISO22320: 表A.2-投入される資源に基づく事案のレベル分類の例

「**活動情報**」とは、危機対応を効果的に実施するために必要となる情報のあり方、および運用ルールに関する要求事項です。「活動情報」に関して、重要なことは、

どのような情報を収集し共有するのか、事前に計画を策定するとともに、収集した情報について評価するための環境（評価基準等）を整備することです。

　この際、有効なツールとして重要視されるものが地図です。地図は、収集した情報をとりまとめ、関係者に共有する方法としてもっとも強力なツールであるといえます。ちなみに、東日本大震災の際、政府は、地図の専門家を集めてEMT（緊急時地図作成チーム：Emergency Mapping Team）を編成し、被害の現状、避難所の開設状況、原発事故の予想される影響範囲などに関する地図を作成しました。発災から約1か月の間に、延べ279人の専門家により500枚の地図が作成されたといわれています。

　3つ目の「**連携・調整**」とは、災害時に協力関係を築く必要のある関係機関との間に、災害時応援協定などの締結を行うとともに、協定に基づき実施する組織間連携を効率的に行うために必要なプロセスを規定したものです。重要なことは、どのような情報を収集し共有するのか、事前に計画を策定するとともに、収集した情報について評価するための環境（評価基準等）を整備することです。

　危機対応に関する備えを本格的に進めたい企業は、こうした規格も参考にしながら、構築を進めるといいでしょう。

11時間目のまとめ

想定外に対する最初の砦…BCP

- [ ] リスクマネジメントをやっていたとしても、想定外が起きることを想定して2段構えの備えをしておくことが重要である

- [ ] 1段目は、普段は滅多に起こらないが、でも起こり得る最悪の事態を想定した備えであり、事業継続計画（BCP）と呼ぶものである

- [ ] 2段目は、本当にあり得ない事態が起きてしまった場合に対する備えであり、危機対応計画と呼ぶものである

想定外に対する最後の砦…危機対応

- [ ] 危機対応では、特に下記項目をおさえておくとよい。

  - ・誰が集まるか
  - ・どこに集まるか
  - ・どうやって集まるか
  - ・何を情報収集するか？
  - ・何を意思決定するか？
  - ・どのステークホルダーと連絡をとるか？
  - ・コミュニケーション手段はどうするか？
  - ・メディア対応はどうするか？
  - ・不祥事の場合の第三者調査委員会設置基準はどうするか？
  - ・専門家チーム編成はどうするか？

12 時間目

総括

長かったリスクマネジメントの授業もいよいよ終わりです。ここまでリスクマネジメントに関する知識・技術について、たくさん学習してきました。得たものは結局何で、今後どういった場面で、何に気を付けてリスクマネジメントを活用していけばいいのでしょうか？
すべてのまとめです。

リスクマネジメントの極意とは

これで、リスクマネジメントに関する授業はすべて終了だ。君たちが学んだことは結局何だったかな？

私は、**限られた時間の中で、余計な感情を排除して最大限の成果を発揮するための合理的なツール**であると感じました。実際、リスクは無数にありますし…。

僕は、正直、リスクマネジメントのこと、最初は馬鹿にしていた。でも、**大切なものが何かを気付かせてくれるコミュニケーションツール**なんだと思った。リスクを考えようとすると、何を守りたいのかをすごく真剣に考えようとするから。

はは。それはよかった。だが、リスクマネジメントは、あくまでも**目的達成の手段にすぎない**んだということを忘れないで欲しい。

その目的って、限られた資源やチャンスをいかして、マイナスの影響を最小化し、プラスの影響を最大化することですよね。

それはそうなんだが、もう少し分かりやすく言うと、**リスクマネジメントはあらゆる事故の発生を防ぐこと・機会を捉えることが目的ではなくて、大きな機会を捉えること・大事故を防ぐことが目的**だ。

へっ!?　すべての事故を防ぐことが目的じゃない?

冷静に考えてみれば分かることだ。考えてもごらん。そもそも、人間は、何から一番学ぶ!?

失敗…ですか?

「失敗は成功のもと」って、言うくらいだもんな。

故スティーブ・ジョブズさんも「失敗したことがない人は、チャレンジしたことがない人だ」っておっしゃっていたわ。失敗がそれだけ大事だってことよね。

そう、失敗だ。逆に言えば、失敗のない世界ほど恐ろしいことはない。失敗、すなわち、事故をすべて防いでしまったら、人間の学習機会を奪うことになる。それは成長機会を奪うことに等しい。

なるほど!!!

日本人の生真面目な性格も手伝って、緻密な分析をしたり、出てきたリスクすべてを徹底管理しようとしたり、ついついやり過ぎてしまう組織をよく見てきたからね。**本当に重要なリスクに目を向けて対応する、それこそがリスクマネジメントの本質**だ。

リスクマネジメントって本当に深いですね。でも、一筋縄ではいかないものだからこそ、こうやって学ぶことに価値があるんでしょうね。

最後の最後にまた目からウロコ。とても勉強になった。

はは、それはよかった。先生は、2人がリスクマネジメントをうまく活用して、プライベートでもビジネスでも成功することを願っているよ。

ありがとうございました！

おわりに

　とにかく何か書きたい、世の中の役に立ちたい…。ずっとそういう想いがありました。「こんな本があったらいいな」という構想が浮かんだのが、約1年前の年末。

　講義形式として会話調で書いてみたらどうだろうかと、最初は軽い気持ちでした。そんなわけで、まずは10数ページ程度の小冊子を作ってみようかと、喫茶店に毎朝足を運んで書き始めました。

　年始に会社の仲間に原稿を見せたら「これはいい！」と、イラストを描き、構成を作ってくれて、あっという間に小冊子のできあがり。これには多くの反響をいただきました。

　「内容をもっと充実させた本の形で出したい」。思ったのはこのときです。オーム社書籍編集局の方に相談しに行き、「やってみましょう」となったのが4月頃でした。

　仕事の忙しさにかまけて、本格的な執筆に取り掛かり始めたのが、実は夏の暑さが漂う6月。執筆の間、2つの大きな学びがありました。

　先生と生徒2人の計3役をこなしながら書くわけですが、新たな発見の連続でした。「何も知らない人だったら、こんなことが気になるだろうな」とか、「こんな答え方じゃ理解できないだろうな」とか、「あれ、リスクマネジメントって、なんでこんなことするんだっけ」とか。私自身にも大きな学びをもたらしてくれたのが本書でした。ですから、前著の「ISO22301徹底解説」を書いたときのあの地獄の苦しみに比べると、今回の執筆が嘘のように楽しいものでした。もちろん、苦しくなかったと言えば嘘になりますが、これは意外な発見でした。

　もう1つの発見は、スマートフォンとIT技術の威力です。これらがなければ本書は、あと1年はできあがっていなかっただろうと思います。ほとんど会社の席に座っている機会のない私にとっては魔法のツールでした。移動中などの隙間時間を見つけては、スマホで、Google社の文書化ソフト（Googleドキュメント）を使って原稿を書く。ノートパソコンの前に座れるときは、そこから原稿にアクセスしてまた続きを書く。その繰り返しでした。大げさな話ではなく、7割はスマホで書いたものです。

　こうして構想から出版までに約1年。本ができたのは、私1人だけの力ではありません。

おわりに　　243

小冊子の段階からずっと全体に気配りをし、強力な牽引役になってくれた我が社のマーケティング部隊のエース佐々木さん。やはり、小冊子の段階から素敵なイラスト作成などで助けてくれた髙森さん、校正で後方支援してくれた栁田さん、ありがとう。

　執筆協力者の欄でも紹介していますように、同僚のコンサルタントにも多々、助けてもらいました。とりわけ、私のわがままに付き合ってくれて労を割いてくれた坂口くん、ありがとう。

　「やりましょう！」と力強くおっしゃって出版側を取りまとめて推進してくださったオーム社書籍編集局の皆さま、こんなイラストがいいなといくつもリクエストを投げましたが、どれもこれも想像以上のイラストを返してくださった…白井先生。これぞプロの仕事だと舌を巻きました。

　また実践編は、事例があってこそです。事例紹介作成では、ヤフーのリスクマネジメント部長八代さん、日産自動車のグローバル内部監査室の菅原さん、本当にお世話になりました。

　最後に、私に文章力という武器を小学生の頃から授けてくれた我が父、常に私に横からチャチャを入れつつも元気を与え続けてくれた子供たち、いつも私の愚痴を文句1つ言わずに聞いてくれ、私の心の支えになってくれた最愛の妻に心から感謝します。

　ここに書けませんでしたが、他にもいろいろな人に助けられました。皆さま、本当にありがとうございました！

2017年11月吉日

参考文献

- 『ISO9001 品質マネジメントシステム－要求事項』(2015) 日本規格協会
- 『ISO22301 事業継続マネジメントシステム－要求事項』(2012) 日本規格協会
- 『ISO22320 社会セキュリティ－緊急事態管理－危機対応に関する要求事項』 (2011) 日本規格協会
- 『ISO31000 リスクマネジメント－原則及び指針』(2009) 日本規格協会
- 『ISO31010 リスクマネジメント－リスクアセスメント技法』(2009) 日本規格協会
- 『ISMSユーザーズガイド』(2014) 日本情報経済社会推進協会
- 『ISO31000 Practical Guide (プラクティカル・ガイド) for SMEs』(2015) 国際標準化機構, 国際貿易センター, 国際連合工業開発機関 https://www.iso.org/ru/publication/PUB100367.html
- 『金融検査マニュアル』(2017) 金融庁 http://www.fsa.go.jp/manual/manualj/yoki_h290530.pdf
- 『Enterprise Risk Management－Integrated Framework』(2004) COSO
- 『Risk assessment in practice』(2012) COSO
- Scott Berinato(2010)『You have to lead from everywhere』Harvard Business Rview：Harvard Business School Publishing https://hbr.org/2010/11/you-have-to-lead-from-everywhere
- Carnegie Mellon University (2014)「2014 US State of Cybercrime Survey」 https://resources.sei.cmu.edu/asset_files/Presentation/2014_017_001_ 298322.pdf
- 西堀 栄三郎 (1999)『南極観測越冬隊　石橋をたたいて渡らない』, 生産性出版

索引

あ行

洗い出し 17, 34, 90, 91, 107, 168
意思決定プロセス 175
委託先管理...127
イベント 8
インタビュー 177
運用的対策..63
影響度 19, 20, 21, 36, 52, 56
オペレーショナルリスク 77, 79

か行

会社法..178
改善 69
改善活動の弊害 133
外的環境..51
外的要因リスク....................................77
家庭のリスクマネジメント 32, 40
空売り 6
環境影響評価..94
環境変化リスク....................................79
環境リスク 88, 93, 107
カントリーリスク..................................78
危機対応 ....230, 232 ～ 236
技術的対策..63
規程体系図...148
共通言語...223
業務フロー..85
業務フロー図..87
業務リスク.............................84, 150
金融検査マニュアル...............................79
金融商品取引法......................................87
結果評価...123
個人データ漏えいリスク.......................217

コミュニケーションツール 38
コンプライアンスリスク
..................79, 95, 99, 100, 107, 150

さ行

財務諸表虚偽記載リスク 84, 86, 87
財務リスク 77, 107
残存リスク 65
残余リスク 65
残留リスク 65
事業影響度分析 83, 95
事業継続計画.....125, 126, 187, 226 ～ 229
事業継続リスク 94
事業リスク 180, 191
事故の予兆監視 181
事象 8
市場リスク 79
システムリスク ... 76, 79, 95, 100, 107, 150
システムリスク対応...............................99
自然災害リスク 79
事務リスク.....................................79, 86
社会的責任.....................................151, 201
社内犯行...182
重要リスク調査票.................................178
主管部署...150, 151
情報資産 ....88 ～ 90
情報セキュリティマネジメントシステム
....167, 187
情報セキュリティリスク
.... 79, 88, 91, 93, 107
将来起こり得る嫌なこと..........................57
食品リスク..107
人為災害リスク......................................79

人的対策 63
人的リスク 79
信用リスク 79
正解ありきのアプローチ... 96, 100, 101, 106
脆弱性 19
全社的リスクマネジメント ...117, 118, 136,
　　142, 178, 188〜190, 200〜202, 222, 223
全社リスク対応方針.................... 190, 195
選択と集中..................................18
戦略リスク 103
想定外....................................226

た行

大企業 174
　　モニタリング..............................181
　　リスクマネジメント 174
対処的対策..................................63
チーフリスクオフィサー 128
中小企業 162, 165
　　リスクの洗い出し.........................168
　　リスクマネジメント 162
中小企業基本法 165
つもり病 211
　　学習していたつもり...............211, 212
　　仕組みを入れていたつもり.....211, 220
　　対策を打っていたつもり 211, 215
ディスカッション...........................177
統合リスクマネジメント 117
統制自己評価 155
トップダウン方式 176, 205

な行

内的環境 51
内部統制システムの整備 178
日産自動車..................................199
ネガティブリスク 7

は行

ハイブリッド方式 176
ハインリッヒの法則............................212
発見的対策 63
発生可能性.............. 19, 20, 21, 36, 52, 56
品質リスク ....84 〜 86
風評リスク 76, 79, 100, 107
フォローアップシート 204
物理的対策 63
フレームワーク 49
プロジェクト.................................46
プロセス評価 123
文書化.....................................148
ベースラインアプローチ...............101, 102
変化予測 106
法務リスク 79, 150
ポジティブリスク 7
ボトムアップ方式 176

ま行

マネジメントシステム 162
目的達成に必要なモノ 15, 33, 49
モニタリング 69, 155, 181, 223

や行

ヤフー.....................................186
有形固定資産リスク.............................79
予防的対策....................................63

ら行

リスク 4
　　アプローチ..................................14
　　洗い出し 17, 168
　　顕在化.....................................19
　　国際規格....................................8
　　仕分け......................................18
　　ネガティブリスク 7
　　ポジティブリスク 7

リスクアセスメント
.............25, 90, 95, 101, 170, 193, 223
リスクアセスメント技法............................83
リスクアセスメントシート.....................193
リスクアペタイト.......................................61
リスクオーナー.......................................150
リスク回避...63, 68
リスク基準................................... 59 〜 61
リスク共有...63, 68
リスク軽減...63, 68
リスクコントロールマトリックス.............87
リスク受容...63, 68
リスク選好...61
リスク増加...67
リスク対応.................... 67, 68, 128, 223
リスク対策...71
リスク特定................................ 25, 93, 223
リスクの大きさ 20, 26, 65
リスクの種類 70, 76
リスクの大分類...77
リスク評価................................ 25, 57, 223
リスク分析........ 19, 25, 52, 54, 55, 94, 223
リスク分類..79, 80
リスクマップ...22
リスクマトリックス 22, 36
リスクマネジメント 9
　海外拠点・子会社.............................129
　活動のブラックボックス化..............122
　基礎作り..116
　共通言語.......................................124, 125
　交通整理..128
　極意..240
　仕組み化..13
　世界標準..166
　大企業..174
　中小企業.......................................162, 165
　つもり病..211
　内部監査部門......................................151
　抜け漏れ・二重管理..........................125
　本質..242
　矛盾...118, 119

リスクマネジメント委員会
.... 128, 150, 175
リスクマネジメント基本方針.................120
リスクマネジメント事務局 150
リスクマネジメントプロセス 223
リスクマネジメント方針.........................190
流動性リスク 79

英字

BCP ....125, 126, 187, 226 〜 229
BIA..83, 95
COSO-ERM 8, 61
CSA...155
CSR...151, 201
ERM.....117, 118, 125, 136, 142, 152, 178,
　　　　188 〜 190, 200 〜 202, 222, 223
ERM構築ステップ
.... 143, 144, 146, 153
ERM フレームワーク 223
IEC/ISO31010 83
ISMS...167, 187
ISO10002 (CMS) 167
ISO14001 (EMS) 167
ISO20000 (ITSMS)....................167, 179
ISO22000 (FSMS)..................................167
ISO22301 (BCMS) 167, 229, 234
ISO22320 235
ISO27001 (ISMS) 101, 167, 171, 187
ISO31000 ....51, 67, 136
ISO31010 83
ISO37001 (AMS) 167
ISO45001 (OHSMS).................... 167, 168
ISO9001 (QMS)................. 167, 168, 171
ISOマネジメントシステム...165 〜 167, 170
KRI 181
MECE 76
OHSAS18001 167
PDCA........ 13, 69, 118, 142, 152, 187, 191
PESTEL 105, 106
VaR (バリュー・アット・リスク) 167

著者紹介

勝俣 良介
取締役副社長 兼 プリンシパルコンサルタント
　早稲田大学卒。
　オックスフォード大学経営学修士（MBA）。
　日本にてITセキュリティスペシャリストとして活躍後、2001年に渡英しNewton ITへ入社。欧州向けセキュリティソリューション部門を立ち上げ、部門長としてISMSの構築をはじめとしたセキュリティビジネスを軌道に乗せた。

　2006年、現代表取締役社長 副島と共にニュートン・コンサルティングを立ち上げ、取締役副社長に就任。自社サービスの品質管理、新規ソリューション開発を率いる。コンサルタントとしても、その柔軟且つ的確なコンサルティング手法には定評があり、幅広い業界／規模の顧客に支持されている。ERM/BCM構築、ITガバナンス、JSOX対応、セキュリティ対応など幅広いコンサルティングスキルを有する。
MBCI、CRISC、CISSP、CISA
BCI日本支部 理事

　主な著書に、『ISO22301徹底解説 BCP・BCMSの構築・運用から認証取得まで』（ニュートン・コンサルティング株式会社監修、オーム社、2012年7月）、『図解入門ビジネス 最新 ITIL V3の基本と仕組みがよ～くわかる本』（打川和男との共著、秀和システム、2009年4月）、『図解入門ビジネス 最新 事業継続管理の基本と仕組みがよ～くわかる本』（打川和男、落合正人との共著、秀和システム、2008年6月）、『図解入門ビジネス 最新 IT統制の基本と仕組みがよ～くわかる本』（執筆協力、秀和システム、2007年8月）がある。

執筆協力者紹介

ニュートン・コンサルティング株式会社

坂口 貴紀　コンサルタント
　大学卒業後、大手教育グループ会社へ入社。新規事業として人材育成プログラムの企画、開発等を担当。同社倒産を経験し、教育ベンチャー企業立ち上げに参画。マネジメントを4年経験後、大手人材会社へ転職。法人営業にて首都圏領域表彰等

実績あり。ニュートン・コンサルティング入社後、BCP策定・見直し・訓練、ERM
構築・運用・評価、内部統制調査・評価、などのプロジェクト実績がある。

辻井 伸夫　シニアコンサルタント

　半導体関連企業にて、日本と海外子会社の基幹システム・グループウェア・ネットワークの構築・運用、情報セキュリティ、IT-BCP等に携わる。2012年より現職。企業規模、業界を問わず、BCP構築・運用・訓練支援、情報セキュリティ評価・改善等を幅広く担当。細やかな対応と問題解決能力に定評があり、数多くの企業と強い信頼関係を構築している。BCP分野のグループリーダーとしてチーム運営およびメンバー育成に励む。

高橋 篤史　コンサルタント

　大手SI企業にて物流業、小売業、製造業、通信業の顧客を中心に、プロジェクトマネージャとして、システム構築を行う一方、ERP導入コンサルティング、全社データモデル構築等様々な案件を担当。2010年、コンサルティング・ファームに転職した後は、ISMS構築、全社リスクマネジメントシステム構築等の業務に携わる。2011年より現職。BCP、ERMを中心に、規模の大小を問わず、あらゆる業種・業態の組織における危機管理体制の確立を支援している。

山田 真司　コンサルタント

　内閣府、内閣官房、消防庁などの中央省庁や地方公共団体に対して、災害対策本部の危機管理計画や各種災害対応マニュアルの策定、訓練の企画支援など多数実施。地震や風水害といった自然災害以外にも、新型インフルエンザのパンデミックやテロなど、多岐にわたる災害について支援実績を有する。著書に、高橋良輔・大庭引継編『国際政治のモラル・アポリア―戦争/平和と揺らぐ倫理』（ナカニシヤ出版、2014年6月）。専門は、危機管理、テロ対策、国民保護計画。

小林 利彦　コンサルタント

　大手電子部品製造メーカのCSR推進部門において、法令順守や社会貢献活動を推進するとともに、国連グローバルコンパクト対応、ISO14001グループ認証取得、BCP策定を担当。2013年より現職。東京都及び東京都中小企業振興公社による中小企業BCP策定支援事業に携わり多くのBCP策定支援実績を残すとともに、あらゆる業種・業態の組織において生じる全社的リスク管理（ERM）に係る課題解決のため、ERM体制の構築から運用・評価、ERM研修等まで幅広い支援に従事している。

- 本書の内容に関する質問は、オーム社書籍編集局「(書名を明記)」係宛に、書状または FAX（03-3293-2824）、E-mail（shoseki@ohmsha.co.jp）にてお願いします。お受けできる質問は本書で紹介した内容に限らせていただきます。なお、電話での質問にはお答えできませんので、あらかじめご了承ください。
- 万一、落丁・乱丁の場合は、送料当社負担でお取替えいたします。当社販売課宛にお送りください。
- 本書の一部の複写複製を希望される場合は、本書扉裏を参照してください。

JCOPY ＜(社)出版者著作権管理機構 委託出版物＞

世界一わかりやすい
リスクマネジメント集中講座

平成 29 年 11 月 25 日　　　第 1 版第 1 刷発行
平成 30 年 11 月 20 日　　　第 1 版第 3 刷発行

監　　修　　ニュートン・コンサルティング株式会社
著　　者　　勝俣良介
発 行 者　　村上和夫
発 行 所　　株式会社オーム社
　　　　　　郵便番号　101-8460
　　　　　　東京都千代田区神田錦町 3-1
　　　　　　電　話　03(3233)0641(代表)
　　　　　　URL　https://www.ohmsha.co.jp/

© ニュートン・コンサルティング株式会社・勝俣良介 2017

組版　トップスタジオ　　印刷・製本　千修
ISBN978-4-274-22138-5　Printed in Japan

関連書籍のご案内

ISO22301 徹底解説

BCP・BCMSの構築・運用から認証取得まで

ニュートン・コンサルティング株式会社 [監修]
勝俣 良介 [著]

A5判・248頁
定価(本体3,200円【税別】)

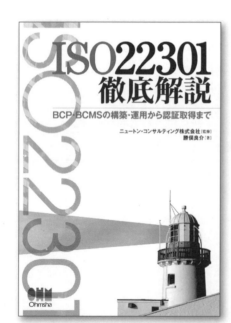

ISO22301の基礎知識から認証取得まで徹底解説!!

ISO22301は事業継続マネジメントシステム（企業のBCPを維持管理する仕組み）のISO認証規格です。本書は、ISO22301の発行に合わせ、ISO22301認証を取得するための情報、また、ISO22301に関係するBCP全般に関する情報を提供するものです。また、ISO22301の要求事項1つひとつに焦点を当て、その目的、解釈の仕方、具体的な対応例について徹底解説します。

●このような方におすすめ
　企業の経営企画、総務、リスクマネジメント室など企業の危機管理を担当する部門の方

●主要目次
　第1章　ISO22301認証取得の基礎知識
　第2章　BCMSの基礎知識
　第3章　ISO22301認証取得（基礎編）
　第4章　ISO22301認証取得（応用編）
　第5章　ISO22301の要求事項規格の構成

もっと詳しい情報をお届けできます。
◎書店に商品がない場合または直接ご注文の場合は右記宛にご連絡ください。

ホームページ　http://www.ohmsha.co.jp/
TEL/FAX　TEL.03-3233-0643　FAX.03-3233-3440

（定価は変更される場合があります）